池波正太郎の愛した味

取り寄せガイドつき

佐藤隆介

撮影／泉　健太
装丁・デザイン／片岡良子

取り寄せガイドつき

池波正太郎の愛した味

目次

池波正太郎の愛した味

◉京都府・右京／登喜和

黒毛和牛

×月×日
午前十一時起。
いきなり、ステーキ丼を食べる。
できるだけ、肉はつつしむことにしているが、
夏は肉を食べぬともたない。
『池波正太郎の銀座日記』より

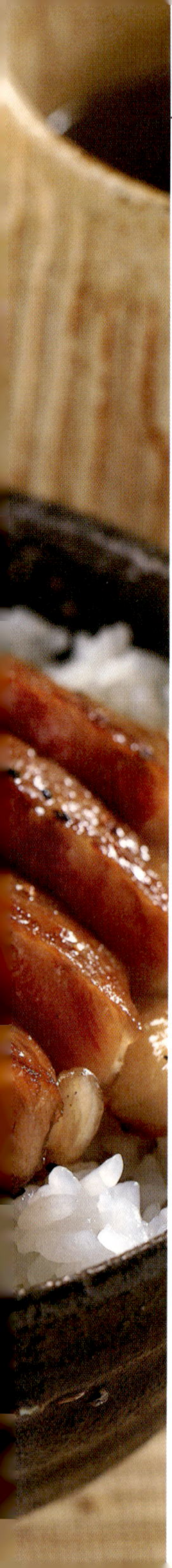

←『登《と》喜《き》和《わ》』は昭和27年の創業以来、そのときどきで最も美味しいと思われる肉を選んで販売してきた牛肉専門店。店にはレストランも併設され、その場で食べることもできる。写真の肉は、サーロインステーキ100ｇ1500～2000円（時価）のもの。

◉京都府・右京／登喜和　黒毛和牛

いま思い返せば……私の記憶にある池波正太郎の最初の食エッセイは『食卓の情景』だ。週刊誌に連載されているときから好きでたまらず、それが単行本になったとき、一冊抱えて、勇を鼓して荏原《えばら》の池波邸へ会いに行った。もう三十年以上前の話だ。

あの日が、私の人生の転機になった。

当時、私はフリーの編集者だったが、何年か池波正太郎の聞書き役を務めるうちに、自然のなりゆきで「通いの書生」のような形になり、三十代の終わり頃からちょうど十年間、書生時代が続いた。いまにして思えば、夢のような十年だった。

なにしろ「先生一人、生徒一人」という贅沢《ぜいたく》この上ない池波私塾での勉強期間である。しかも授業料は無料。数え切れないほど日本全国へ旅を共にし、外国へも何度か鞄持ちを務めたが、道中の勘定はむろん全部「師匠持ち」である。この十年がなかったら、いまの私はなかったろう。

あのとき、せめて小説作法のイロハでも学ぶ気があったら、その後の私の軌道はいまとはだいぶ違うものになっていたに違いない。しかし、グータラ書生にはまるでその気がなかった。

結局、曲がりなりにも私が亡師から学んで会得した（と、当人は思っている）こととといえば、池波正太郎流の「食の作法」、これだけだった。

十年間、身近にいて、酒飯を共にした私に言わせれば、池波正太郎は世にいう「食通」でもなければ「グルメ」でもなかった。

その代わり、三百六十五日の一食一食を死ぬ気で食べていた。茶《ちゃ》湯《のゆ》でいう一期一会の覚悟である。

「確実な死に向かって有限の時間を確実に減らして行く——それが人の一生だ。しかも明日が最後の日でないという保証はない。だから今日という一日が大事なんだ。毎日、そう思って飯を食え。そう思って酒を飲め」

私が亡師に学んだ「食の作法」とは、右の覚悟につきる。食べることにここまで真剣だった人を私は他に知らない。こういう人を本当の「食道楽」というのだ。

毎年、長者番付に名が出るほどの超人気作家だから、どんな贅沢三昧だろうと好きなようにできたはずだが、金に飽かせて豪勢な美味をむさぼることはついになかった。その唯一の例外が牛肉だろう。

「安い小間切れ牛肉のすきやきもそれはそれでいいが、たまには極上の牛肉を張り込め。そうでないと本当の牛肉の味がわからない」

これが亡師の持論で、「朝からいきなり、ステーキ丼」「第一食は薄いビーフステーキ」「起きるなり温飯《ぬくめし》にのせて食べるビーフステーキはたまらない」と食日記にあるほど牛肉に目がなかった。

京北周山《けいほくしゅうざん》の『登喜和《ときわ》』の話をすると大いに興味を示して、「よし。今度京都へ行ったらぜひ……」。

しかし、それはとうとう実現せずに終わった。

登喜和は小さな黒毛和牛専門店（兼食堂）だが、牛肉の目利きとして登喜和の当主・前田勉の右に出る人は、まず、ないだろう。あのステーキを亡師に一度食べさせたかった……。

取り寄せガイド

登喜和

〒601-0251
京都市右京区京北周山町上代１
営 10:30〜19:00
休 水曜
払 代金引換
☎0771・52・0014
FAX 0771・52・0314

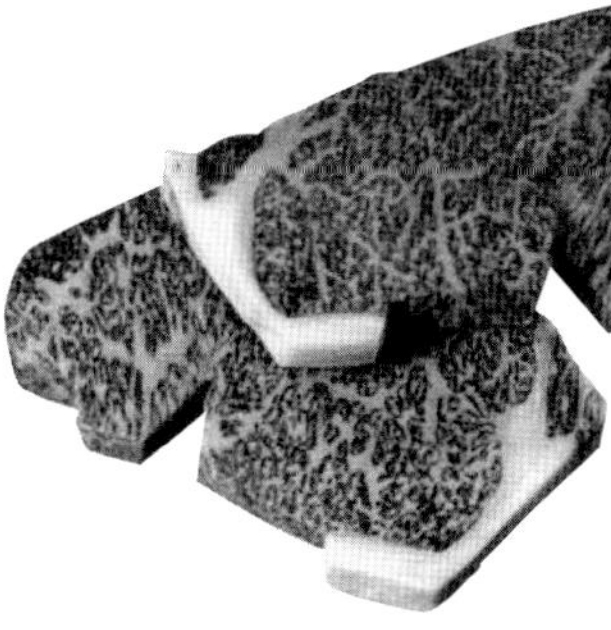

←脂肪を適度に取り去り、形を美しく整えてから届く『登喜和』のステーキ肉。

◉岐阜県・飛騨高山／キュルノンチュエ／ヤマオカ

燻煙風味の加熱ハム

第一食は薄切りの大きなロース・ハムを食卓の鍋でステーキにする。
鍋を強く熱しておいて、バターをからめたハムをさっと焼く。
ほんの一瞬、焼きすぎたら、薄切りのハム・ステーキはどうにもならない。
缶詰のパイナップルをつけ合わせる。
それをタマネギをたっぷり入れたポテトサラダで、トースト二枚。
赤のワインを一杯のむ。
『食卓のつぶやき』より

←鹿児島黒豚もも肉を丸ごと一本調味して、フランスの伝統技法にのっとって軽く燻煙をかけ、脱骨し、型詰めした後、低温処理したハム。ステーキのほか、冷たいままバターとパンとともに食べても美味。100g当たり777円。

ASCOS

◉岐阜県・飛騨高山／キュルノンチュエ／ヤマオカ

燻煙風味の加熱ハム

作家はほとんどが「夜型」である。世の中が寝静まってからのほうが電話やら来客やらがない分、原稿書きに集中できるからだ。亡師・池波正太郎も完全に夜型人間だった。

当然、起き出すのは早くても午前十時ごろ。白々明けまで頑張ったときは正午近くまで眠ることになる。だから朝飯と昼食が一緒で、ご当人はこれを「第一食」と称していた。朝昼兼用の池波流第一食を『池波正太郎の銀座日記』から拾い出して並べると、食道楽作家の素顔が垣間見えてなかなか興味深い。

――朝、京都の甘鯛《ぐじ》を焼いて食べる。旨いので、御飯二杯も食べてしまう。

――朝は鶏そばとハチミツのトースト一枚。ロース・ハムを少々。

――きょうの第一食は、昨日のロースカツレツをカツ丼にして食べる。

――今朝は、野菜（モヤシ、ナス、タマネギ）の炒めたものを熱いうどんにかけて食べる。旨かった所《せ》為《い》か気分がよくなったので机に向かい、鬼平七枚を書く。

――第一食は［よもぎうどん］を釜あげにして食べる。それと、いつものようにバニラ・アイスクリームとコーヒー。

――午前十一時起。いきなり、ステーキ丼を食べる。できるだけ、肉はつつしむことにしているが、夏は肉を食べぬともたない。

――第一食は、焼豚に白飯一杯、野菜の冷し汁で、依然、食欲は衰えない。

――第一食に昨夜のチキン・コロッケをソースで煮て食べる。

まあ、ざっとこんな具合で、そのバラエティ豊かなこと、ほとんど「何でもあり」といってよかろう。『鬼平犯科帳』の長谷川平蔵や『剣客商売』の秋山小兵衛のイメージを作者に重ねて、いつも着流しで和食党の池波正太郎を想像する読者も多いだろうが、実際の池波正太郎はむしろその逆だった。

何しろ「朝からいきなりステーキ丼」というくらい肉類が好きで、ハムやソーセージやベーコンも大好き。第一食のハム・ステーキにしても焼き方をこまかく決めて実行しているところが、いかにも池波正太郎らしい。別の一文では、「ハム・ステーキをやるなら赤ワインをちょっと振りかけて焼くのもよい」と、池波流ノウハウを公開している。

私もハム・ステーキが好きで、うちでよくやる。私のおすすめは飛騨高山から遠くない山地で、フランス伝統の古法に従って燻《いぶ》される『キュルノンチュエ』のそれだ。

燻製作りをライフワークと決めた山岡準治《じゅんじ》がフランスのジュラ山地で修行を積み、本物を日本で作るとしたらここしかない……と飛騨高山の西郊、牧《まき》ヶ《が》洞《ほら》にアトリエを構えて九年になる。素材は折紙つきの「かごしま黒豚」一本槍《いっぽんやり》。燻製室の造りも製法も十七世紀から続くフランス式そのまま。

一度キュルノンチュエの味を知ったら、いままで食べていたのは何だったのかと思うだろう。

ゆっくり朝寝坊ができる休日、池波正太郎をまねて食卓に鉄鍋を持ち出し、本格のハム・ステーキの第一食を楽しむべし。やはりワインが欲しくなること間違いない。

取り寄せガイド

キュルノンチュエ／ヤマオカ

〒506-0101　岐阜県高山市清見町牧ヶ洞3154
営 10:00〜18:00
休 火曜
払 代金引換、銀行振込（先払い）、郵便振替（先払い）、カード決済
☎0577・68・3377
FAX0577・68・3355
http://www.westsho.jp/kiyomi/crnontue.html

⬆切り口が美しいこの「加熱ハム」はハムの女王ともいわれている。

◉佐賀県・唐津／松本栄二

たくわん

おこうこぐらいで酒飲んでね、
焼き上がりをゆっくりと待つのがうまいわけですよ、うなぎが。（中略）
昔は、うなぎの肝と白焼きぐらいしかないですよ、出すものは。東京のうなぎ屋はね。
その代わり、やっぱりおこうこはうまく漬けてあるからね。
まず、おこうこをもらって、それで飲んで、その程度にしておかないと、
うなぎがまずくなっちゃう。『男の作法』より

◉東京都・大森／田中正造商店

丸缶焼海苔《やきのり》

そのころ、大森海岸でとれる海苔の旨さは
子供心にも忘れかねている。
その、黒ぐろと光った厚い焼き海苔が
醤油を吸ったときの味わいはたまらないもので、
親たちも「海苔弁」なら簡単なものだから、
弁当ごしらえに面倒なときは、
ほとんどこれにしてしまう。『食卓のつぶやき』より

⬅有明産の初摘みを、風味を損なわないようゆっくり焼き上げた逸品。磯の香りと、ほのかに残る甘みが特徴。平成17年度第44回農林水産祭にて内閣総理大臣賞受賞。1号缶（全型18枚分八つ切り） 2本入り3150円。

➘余計な調味料が一切入っていない手作り沢《たく》庵《わん》。合成着色料や保存料も入っていない。口に入れた途端に糠《ぬか》の香りが広がる。まろやかな塩味とパリパリの歯ごたえがあとを引く美味しさ。3本セットで2625円（送料込み）。

◉佐賀県・唐津／松本栄二　たくわん

おこうこ。これはもう当節の若者にとっては死語ではなかろうか(まァ、おしんこぐらいはわかるだろうが)。

おこうこは「香《こう》の物《もの》」の会話ことばだ。元来は沢庵《たくわん》のこと。

沢庵とはそも何ぞや。干し大根を糠《ぬか》と塩で漬け込み、重石《おもし》をして熟成させ、アルコール発酵させた漬物が沢庵だ。懐石で沢庵を香の物と呼ぶのは、完璧な発酵によって美味の頂点を極めたとき、沢庵は透き通るような鼈甲《べっこう》色になり、エステルと呼ばれる芳香成分を生成して果実香を放つからである。

こういう本物の沢庵を作るには大変な時間と手間がかかる。だから薬品漬けの即席沢庵もどきが横行し、真面目に沢庵を漬けようという人がいなくなってしまった。

それだけに松本栄二の存在は貴重である。

本業は農家で大根・米糠・唐辛子は自家産。塩は天日海水塩。鬱《う》金《こん》は漢方薬専門店から仕入れる。身体に悪いものは一切使っていない。この栄二沢庵を出す鰻屋《うなぎや》なら、亡師は一時間が二時間でも、文句ひとつ言わずに飲みながら待ったに違いない。

取り寄せガイド

松本栄二

〒847-0804
佐賀県唐津市後川内1947
営 9:00〜19:00
休 日曜
払 郵便振替
☎0955・74・9323
FAX0955・74・9323

⬅パッケージを破くと、昔懐かしい沢庵の芳香が香る。手づくりならではの味だ。

丸缶焼海苔

かつて「大森」はうまい海苔《のり》の代名詞だった。海苔養殖の発祥地として多くの海苔加工問屋がここに集まり、日本全国の海苔の九割以上を仕切っていた。だが、大森に二百数十年続いていた海苔養殖の歴史は、東京オリンピック前の埋め立てと水質汚染により、昭和三十八年ついに終焉《しゅうえん》を迎える。

しかし、養殖産地が九州有明、瀬戸内、千葉に移っただけで、「海苔は大森」という伝統はびくともしなかった。海苔の養殖と、それを本当にうまい焼海苔に加工することは、まったく別の専門的技術だからである。

『田中正造商店』は、大森海苔問屋街専門店会のリーダー格で、その焼海苔の高度な技術と品質により、第四十四回農林水産祭で初めて業界待望の内閣総理大臣賞を受賞した老舗。

池波正太郎が「これぞ日本の朝を象徴する匂い」と絶賛した焼海苔がいまも健在である。歯切れのよさ、甘み旨みの濃さ、香りの深さで定評がある有明海産の「初摘み海苔」のみを原料に、まろやかな風味を損ねない独特の低温焼成法で焼き上げてある。毎朝、食べるたびに「ああ、日本に生まれてよかった……」という気になる。

取り寄せガイド

田中正造商店

〒143-0012
東京都大田区大森東2-23-11
営 9:30〜17:30
休 日曜、祝日
払 代金引換
☎0120・70・4168
FAX0120・70・4167
http://www.nori-tonyagai.com/tanaka/

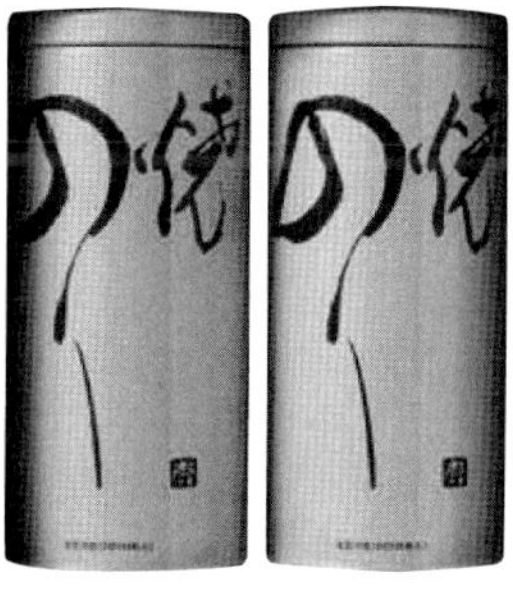

←商品はこのほか、1本入りもある。1号缶は1575円、2号缶は2625円。

●東京都・赤坂／辻留

そうめん

夕飯は、鶏挽き肉のハンバーグステーキ（ホワイトソースをかける）で
ポートワインをのむ。
よく冷えたセロリに塩をつけて齧《かじ》るのは実に旨い。
そのあとで卵素麺。笊《ざる》へあげた素麺へ生卵の黄身を落とし、
素早く攪《か》きまぜつつ蕎麦《そば》汁《つゆ》ですすりこむ。
『食卓のつぶやき』より

●静岡県・駿河／サンファーマーズ

アメーラ

子供のころ、私は、トマトの皮を剥《む》いてもらい、種を除《と》り、
小さく切ったのへ醤油をかけて食べるのが好きだったが、
小学校も五年生になると、弁当のほかに、
「おばあさん。一つ持って行くよ」
祖母にことわり、台所から一つトマトをランドセルへ入れ、
昼食のときに塩をつけて食べる。
『味と映画の歳時記』より

⬅小豆島特産の手延べそうめん「島の光」と瓶入りの手作り出汁《だし》つゆ300mℓ×２本セットで6300円。夏場のみの販売になる。つゆは、厳選した真昆布とたっぷりの削り節で贅沢《ぜいたく》に出汁をとったもの。ほかではそうそう味わえない。

➡灌水《かんすい》をぎりぎりまで控えることで、ふつうのトマトの約３分の１の大きさに成熟させ、甘さも栄養価も濃縮させた高糖度トマト。平均して９～10度の糖度を持つ。１ケース約12個入りで3000円（送料込み）。糖度と個数は季節により異なる。現在は長野県でも生産している。

◉東京都・赤坂／辻留　そうめん

池波正太郎の曾祖母・浜《はま》は若いころ、さる大名の奥女中をつとめ、正太郎少年が十一歳になるまで一緒に暮らした。喧嘩をし、殴られて泣きながら正太郎が帰ってくると、木刀を渡して「さ、これで敵《かたき》を討っておいで！」。

　この曾祖母のために曾孫は、毎日学校から帰ると素麺をゆで、つゆも作った。作り方は母から教わり、曾祖母が亡くなるまでそれを続けたというから偉いものだ。

「まあ、必ずもらえる五銭のご褒《ほう》美《び》がうれしかったからな」と、ご当人は照れた顔で言っていた。亡師の食日記に「素麺」の二字を見ると、私はいつもこの話を思い出す。

　素麺をゆでるのは簡単だが、素麺つゆを作るとなると結構難しい。そこでありがたいのが懐石で名高い『辻留』の素麺詰合わせだ。厳選した小豆島素麺と一緒に辻留特製のつゆが入っている。このつゆが絶品である。

　私は辻留つゆをお手本として横に置き、自分が作るつゆと比べつつ、何とか辻留の味に近づけるべく奮闘する。夏中、週に一度、これが私の大仕事。長年の苦労の甲《か》斐《い》あって、近頃はかなり辻留のお手本に迫ってきた……と自画自賛している（呵々）。

取り寄せガイド

辻留

〒107-0051
東京都港区元赤坂１丁目5-8 虎屋第２ビルB1
営 12:00〜14:00、17:00〜21:00
休 日曜
払 代金引換、銀行振込
☎03・3403・3984
FAX03・3403・6589
http://www.tsujitome.co.jp/

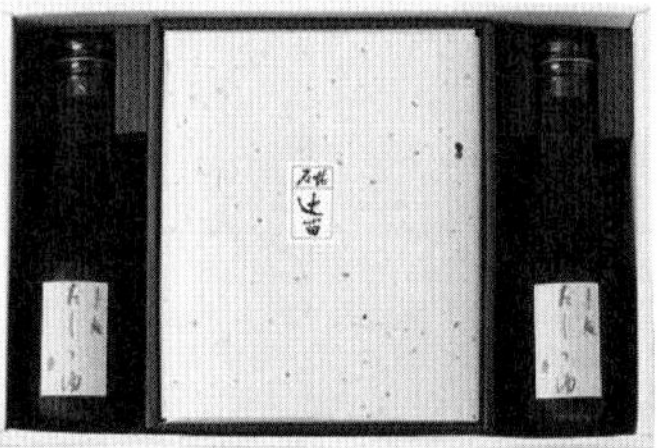

⬆つゆ300mℓ２本と手延べそうめん「島の光」1500ｇのセット6300円。

◉静岡県・駿河／サンファーマーズ　アメーラ

池波正太郎は大正十二年一月二十五日、浅草に生まれた。その年の九月一日、関東大震災が起こり、一家は浦和へ引き移る。

父は汽車で日本橋の綿糸問屋へ通勤し、母は当時まだ田園そのものだった浦和で幼い正太郎を育てながら、庭にトマトや茄子《なす》、胡瓜《きゅうり》を栽培していた。親子三人の平穏な日々は正太郎が小学校へ上がる頃まで続いた。

浦和での幼時体験から、トマトの味と独特の匂いは、池波正太郎の記憶に〝一家団らんの象徴〟として刻みこまれたようだ。農薬に頼らぬ昔の味のトマトをしきりに懐かしがり、いまのトマトには匂いも味もない……と、よく嘆いていた。まだ「アメーラ」はなかった。

野菜なのにフルーツに匹敵する甘さを持つ「アメーラ」トマトを亡師に食べさせたかった。アメーラは静岡弁で、「甘いでしょ」という意味。姿かたちを大きくせず、わざと小さく固ぶとりに育てる高糖度トマトである。静岡県特産の、いわばトマトの革命児だ。甘いだけでなく味も香りも濃い。

よく冷やしたアメーラを一度食べさせたかった……。

取り寄せガイド

サンファーマーズ

〒422-8072
静岡市駿河区小黒2-5-10
休 不定休
http://www.amela.jp/
※注文はホームページより注文書をダウンロードし、記入後にFAXにて送信。FAX番号はホームページに明記。

⬆2007年ベジブルサミットで第1位に輝いた。1ケース約12個入り。

◉北海道・別海／別海漁協

西別献上鮭《にしべつけんじょうざけ》

半ぺんの味噌汁、塩鮭、千枚漬の第一食をとってから、日課の散歩へ出かける。
約一時間を近所の商店街をえらんで歩く。（中略）
遠いところの商店街で、生の中華そばを買う。
この店のは手製でコシが強く、防腐剤が入っていない。
となりの肉屋で「シューマイ」を買う。
この店の「シューマイ」を母が好むからだ。
『食卓の情景』より

⬅「西別献上鮭」はＬサイズが１尾2.2kg以上5250円、2Lサイズが１尾2.6kg以上5670円。献上鮭を食べやすいように輪切りにして１切れずつ真空パックした「味の年輪」もある。こちらは10切れで3150円～。いずれもそのときどきによって値段は変わる。

◉北海道・別海／別海漁協　西別献上鮭

ハンバーガーやスナック類が食事だと思っているいまどきの若いのは別として、まっとうに育った日本人なら間違いなくご飯好きのはずである。

本当の米のめしのうまさを知っていれば当然そうなる。それを知らない日本人もどきが多くなり、「ご飯離れ」がいまごろになって問題となっているのは、一体だれの責任か。ま、ここはそれを論ずる場所ではないから、責任追及はやめておこう。

いうまでもなく亡師・池波正太郎は（パンもパスタも嫌いでなかったのが不思議なくらい）根っからのご飯党だった。銀座の古なじみの洋食屋で何を食べても、ライスですかパンですかと尋《き》かれれば必ず「ご飯」だった。

こういうご飯党には、ことに東京は浅草に生まれ育った池波正太郎にとっては、それなしの食卓など考えられないほど、塩鮭《しおざけ》は三百六十五日不可欠の常備菜だった。

ご飯には、これさえあれば他に何もなくてもご飯が進む、というおかずがいくつかある。その最たるものが塩鮭である。温飯《ぬくめし》にも合えば冷や飯の茶漬にもよく合う。

しかし当世主流の「甘塩」ならいざ知らず、昔風の別名「塩引《しおびき》」という思いっきり塩をきかせた鮭は、これで酒を飲むのはまず無理な相談。

池波正太郎の食日記のどこにも「塩鮭で酒を一合」なんていうくだりを見た覚えがないから、亡師が好んだ塩鮭はやはり昔ながらの塩引だったろう。

さて、どこの塩引がうまいか。

鮭の本場、北海道では毎年秋にな

ると、ほとんどすべての川という川に鮭が帰ってくる。それぞれにうちの川の鮭が一番と味を競い合う中で、悠然として、

「わが西別《にしべつ》川の鮭こそ日本一」

と、胸を張るのが道東の別海《べっかい》漁業協同組合だ。別海という地名は「川が折れ曲がっている」意のアイヌ語ベッ・カイェに由来する。その川が西別川である。世界一の透明感を誇る「神の湖」摩周湖の伏流水を水源とし、別海町の広大な緑野を潤して根室海峡に注ぐ。

「西別川の川底には摩周湖の神秘的な水が造り出す〝味の笛〟と呼ばれるパイプ状の石が連なっている。この不思議な石と水質の相互作用で、西別鮭は他のどんな川の鮭とも違う特別の味になる」とは十年ほど前、別海漁協の鮭専門家に聞いた話だ。

この西別鮭、いまはご時世で甘塩造りもあるが、本命は山漬《やまづけ》と献上造りである。山漬は河口の前浜で漁《と》った雄鮭を直ちにさばいて水洗いし、一尾ずつ入念に粗塩をすり込んで切庫（漬込み場）に山積みにする。何度も上下の鮭を入れ替えつつ、鮭自身の重みで水分と臭みが抜けるのを待つ。これが本来の塩引で身のしまりが格別だ。

こうして手間ひまかけて造り上げた山漬を、改めて適度に塩抜きし、一尾ずつあごの下からひもを通し、腹の部分がつぶれずによく乾くように腹に木枠をはめ込んで干し台に吊るす。厳しい寒風にさらされて鮭は次第に熟成し、やがて献上造りという至高の妙味に到達する。西別献上鮭とは大自然と人の技の合体から生まれた〝塩鮭の芸術作品〟なのだ。

取り寄せガイド

別海漁業協同組合

〒086-0522
北海道野付郡別海町本別海1-95
営 9:00〜17:00
休 土曜、日曜、祝日
払 代金引換
フリーダイヤル 0120・24・8876
FAX 0153・75・8176
http://www.aurens.or.jp/hp/betsugyo/

⬆献上造りの「献上鮭」。伝統の技術と北国の自然が作り上げた逸品。

◉神奈川県・三浦／**山久**

まぐろ粕漬《かすづけ》

散歩。朴歯《ほおば》の下駄、いよいよ軽し。
仕事のだんどりが、早くついたので、
帰《かえ》り途《みち》は第二食に（何を食べようか……？）と、おもいなやみつつ帰宅。
そこへ、三浦三崎の［山久］から、マグロの粕漬がとどいたので、
これで御飯を食べることは決まったけれども、
酒の肴《さかな》がまだ決まらぬ。
『食卓の情景』より

⬅「まぐろ粕漬」５枚入り2058円〜。三浦三崎港に水揚げされた新鮮なカジキをすべて手作業で加工した逸品。噛むほどに広がる風味は一度食べたら忘れられない味。焦げ目がつかないように、あっさり焼くのが美味しく食べる秘訣。賽《さい》の目《め》に切り、炊き込みご飯にしても旨い。

◉神奈川県・三浦／山久　まぐろ粕漬

縁あって十年間、池波正太郎の書生を務めさせてもらった。ただし私の場合は「通いの書生」だったから、厳密には書生といえるのかどうか、定かではない。念のため広辞苑で確かめてみると、書生とは、一、学業を勉強する時期にあるもの、二、他人の家に世話になり家事を手伝いながら学問する者、三、経文などを書きうつす人、とある。三は別として、一、二は（まァ、そのような者だったな……）と自分では思っている。

勝手に押しかけて色々と勉強させてもらう身だったから、当たり前のことだが給料とか小遣いのようなものはない。その代わり、行くたびに大きな手提げの紙袋一杯の古雑誌をもらって帰る。これがいわば現物支給だ。

ときどき雑誌の他にオマケを頂戴する。書生が滅多に口にすることのない食品である。たとえば巨大な活マダカ（鮑《あわび》の最高級品）。たとえば本場新島《にいじま》産のクサヤ。たとえば京都の漬物。エトセトラ。

その一回が三浦三崎の『山久《やまきゅう》』の「まぐろ粕漬《かすづけ》」だった。初めて味わうもので、あまりにもうまくて飯を山盛り三杯お代わりしてカミサンに呆《あき》れられたので、いまでも鮮明に記憶に残っている。

以来、山久のまぐろ粕漬を取り寄せて食べるたびに、あの日のことを思い出す。

山久は、世界有数のまぐろ水揚げ港である三浦半島の三崎で、昭和二十六年に創業した水産加工食品の専門会社である。寒サバ、いか、かつおなどの加工品もあるが、主体はまぐろで、まぐろ粕漬とまぐろ味噌漬が山久の「顔」といってよいだろう。
粕漬も味噌漬も原料魚はいわゆるカジキマグロだ。分類学的に細かいことをいえばカジキはカジキでマグロはマグロ、別科の魚であることはご承知の通りだが、世間一般にはカジキもマグロの仲間とみなされ、カジキマグロと呼びならわしている。

東京近辺では古来、相模灘の三浦半島付近に揚がるカジキマグロを第一等とし、三浦の漁師が小銛《やす》で突いて漁《と》るものを「突きん坊」（突きん棒とも書く）と称して珍重してきたという。

本山荻舟《もとやまてきしゅう》著『飲食事典』のカジキの項を見ると、こうある。

――近海のいわゆる突きん坊は四季を通じて美味であり、鮮紅色で肉質が緊《しま》り、もっぱら刺身用としてマグロを凌《しの》ぐ。マグロに比べると脂質が平均して淡白なところから、多く高級の食膳に上る。その他照焼、附焼《つけやき》、鍋物、時雨煮《しぐれに》、味噌漬など、またスシ材料としてもすべてマグロと同様に用いられる。――

荻舟先生には申しわけないが、「鮮紅色」というのはちょっと違うんじゃなかろうか。正確にはやや桃色がかったオレンジ色だ。実にきれいで、見ただけで思わず生つばが湧く。

時季や脂の乗り具合にもよるが人によっては「本鮪《ほんまぐろ》よりうまい」というカジキマグロ。大半が高級料亭御用達で庶民にはなかなか口にする機会がない。

それが山久に頼みさえすればいつでも賞味できるとは、何ともありがたいことである。だが、ご飯の食べ過ぎには乞御用心。

取り寄せガイド

山久

〒239-8790
神奈川県三浦市三崎5-14-7
営 8:00〜19:00（日曜・祝日9:00〜）
休 無休
払 代金引換、郵便振替、銀行振込（先払い）
☎046・881・3939
FAX 046・882・5511
http://www31.ocn.ne.jp/~yama9/index.html

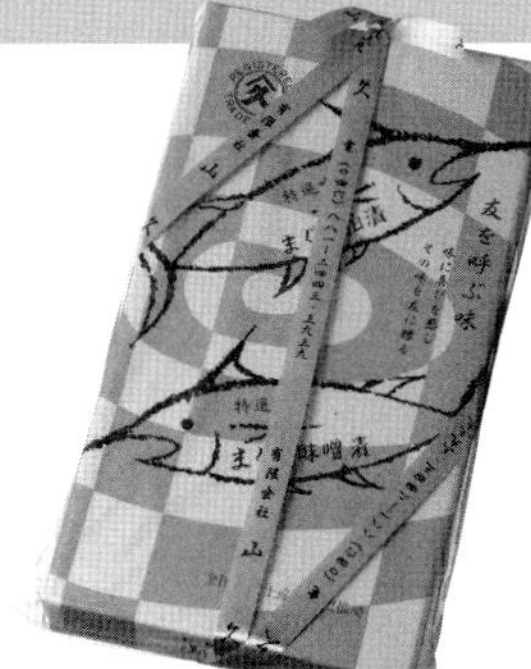

⬅『山久』のまぐろ粕漬のパッケージ。1箱30枚入りまで用意できる。

◉北海道・利尻／**利尻漁協鬼脇支所**

粒雲丹《つぶうに》・蒸《むし》雲丹

現在の私は、一日二食になってしまった。
仕事を夜半前後から明け方にかけてするので、
目ざめるのは、どうしても十一時前後になってしまう。（中略）
洗面して書斎へもどると、大きな盆に朝食が運ばれてくる。
御飯は一ぜん、煮豆、焼き海苔、粒雲丹《つぶうに》、納豆のようなもので、
ときには前夜のカレーの残りや、シチューにパンということもある。
『食卓のつぶやき』より

←写真右の粒雲丹は利尻で採れたばかりの生ウニを殻から取り出し、甘塩で一晩つけたもの。濃厚な旨味となんともいえない甘味が特徴。バフンウニの瓶詰１瓶60ｇ入りで1980円。写真左が蒸雲丹（缶詰100ｇ入り）。ムラサキウニとバフンウニ各１缶ずつ計２缶セットで4080円。

◉北海道・利尻／利尻漁協鬼脇支所

粒雲丹・蒸雲丹

朝飯でも、夜食でも、「粒雲丹《つぶうに》で御飯」が池波正太郎の好物の一つだった。瓶詰の粒雲丹はあくまで温かい白い御飯のおかずであって、これで酒を飲むことはほとんどなかったようだ。

棘皮動物《きょくひ》ウニ綱《こう》に属し、主に浅海の岩礁に棲《す》んでいるウニは、世界中に八百六十種、日本だけでも百種類を超えるというが、食用とされるのはわずかに数種。バフンウニとムラサキウニが最もよく知られている。

生きているときは姿が栗に似ているので海栗、食べる部分（生殖巣）が赤いので海丹とも書くが、一般には海胆の字をあてる。これを加工して瓶に詰めると表記が雲丹に変わる。

いまはコールド・チェーンの普及でいつでもどこでも鮨屋へ行けば生ウニが食べられるが、かつては生ウニといえば産地でしか味わえない珍味だった。

そこで貴重な珍味を何とか保存し輸送できるようにと、塩蔵《えんぞう》の技術が発達した。ひとくちに塩蔵品といっても塩雲丹と練《ねり》雲丹とでは中身が大きく違う。同じような瓶に入っているからまぎらわしいが、これはきちんと見分けて買わなければならない。

塩雲丹は殻から取り出した生ウニに塩をしただけの純粋な自然食品で、生ウニの粒々した感じが残っているから粒雲丹ともいう。池波正太郎が愛好したのはむろんこの塩雲丹だ。

もう一方に練雲丹というものがあり、こちらは塩雲丹にならない原料に調味料やアルコールを加えて機械で練った人工食品である。

当然、塩雲丹と比べると安い代わりにウニ本来の香りという点では格下ということになる。

　同じ塩雲丹でも、塩の仕方に二通りあって、振り塩は生ウニにじかに塩を振る。ウニが水分を吐き出し、その分、ウニらしい香りとこくが強くなる。これが昔ながらのやりかたで、塩加減に熟練した名人芸が必要となる。一方、新しい方法の塩水漬は一夜漬とも呼ばれ、塩水に生ウニを漬け込むから仕上がった感触がソフトになり、こちらを好む人も少なくない。

　北海道から九州までウニはどこでも採れる。それぞれにご当地産が一番と胸を張り、真面目に作った塩雲丹ならどれもうまい。なまじ薬品処理を施した生ウニよりも、むしろ塩雲丹に限る。

　これなら亡師はほめてくれるだろうと思う私の取っておきは、北海道・利尻《りしり》島の粒雲丹だ。何故、利尻島か。理由は単純明快である。海胆の大好物は昆布で、うまい昆布を食べていれば海の口福《こうふく》の女王様はゴキゲンだ。

　昆布の旨味を凝縮してくれるのが海胆だから、世界最高の利尻昆布を心ゆくまで食べて育つ利尻島の粒雲丹が文句なしの最高、ということになる。

　利尻島には粒雲丹の他に蒸《むし》雲丹というのがあって、これが絶品である。ガゼ（バフンウニ）とノナ（キタムラサキウニ）では値段が倍も違うが、これは採れる量による稀少性ゆえで、安いほうのノナでも十二分にうまい。利尻の粒雲丹と蒸雲丹を常備すれば不意の客にも安心。どんなに口うるさい酒敵でも沈黙して最敬礼する。

取り寄せガイド

利尻漁協鬼脇支所

〒097-0211
北海道利尻郡利尻富士町鬼脇
営 9:00〜17:00
休 土曜、日曜、祝日
払 代金引換
☎0163・83・1221
FAX0163・83・1117

⬆右が「粒うに」1980円。左がムラサキウニの缶詰の蒸雲丹1260円。

◉東京都・青梅／紅梅苑

紅梅饅頭《こうばいまんじゅう》

×月×日　車で武州・御嶽《みたけ》の川合玉堂記念館へ行き、
［玉川屋］で蕎麦《そば》を食べてから、吉野の吉川英治記念館へまわる。
ここには故吉川氏の旧宅があり、今度はすっかり内部を見せてもらった。
今年、記念館の近くに吉川夫人が
［紅梅苑］という菓子舗をはじめられたので、そこへまわる。
民芸風の店内に喫茶店があって、コーヒーがうまい。
数種の菓子は、いずれもよろしく、中でも梅酒をつかったゼリーはすばらしい。
『池波正太郎の銀座日記』より

⬅梅の里「青梅吉野梅郷」にちなんで作られた『紅梅苑』を代表する饅頭。カステラ風の生地の中には、北海道産の小豆《あずき》こし餡《あん》が入っていて、上品な味わい。８個入り680円〜。池波正太郎が愛した「梅絹《うめぎぬ》」は、紅梅苑の梅酒をたっぷり使ったのし梅。９包入り1175円〜。

◉東京都・青梅／紅梅苑　紅梅饅頭

昭和五十二年（一九七七）、池波正太郎五十四歳。年明けて間もない二月、池波正太郎はＮＨＫ総合テレビ「この人と語ろう」に出演した。通いの書生も師の命令に逆らえず末席を汚した。

私にとっては生まれて初めての、そして最後のテレビ出演だった。後日、小学校時代の担任からハガキが舞い込み、「お前の顔を三十年振りに見たぞ。全然変わっていないので、すぐわかった」。さすがＮＨＫ、あんな田舎の片隅でも観ている人がいるのだ……と恐れ入ったものだ。

三月十六日、池波正太郎は第十一回吉川英治文学賞を受賞した。『鬼平犯科帳』『剣客商売』『仕掛人・藤枝梅安』を中心とした作家活動に対して、が受賞の理由だった。選考委員、井上靖、尾崎秀樹《ほずき》、川口松太郎。副賞百万円。

四月九日の授賞式で、池波正太郎は、こう語った。

「吉川先生とは御生前に二度ほど、何かのパーティーでお目にかかったのみであったが、若い頃の私に御手紙を下さったり、いろいろと励ましていただきました。思いがけぬ、このたびの受賞を、吉川先生もきっと喜んで下さるだろうと思います」

初夏には、亡師にとって戦後初めてのフランス取材旅行。当時はまだ羽田出発で、空港へ見送りに行き、見送り客が五、六十人もいてびっくりしたのを覚えている。

そして十一月には『市松小僧の女』で第六回大谷竹次郎賞。歌舞伎の世話狂言の手法を生かし、かつ新しい内容を盛り込んだことが評価されての受賞だった。

まさに池波正太郎がいよいよ人生のピークへ登りつめようとする記念すべき年だった。だが、好事魔多し。この頃から痛風に悩まされることになる。

昭和五十八年夏、『銀座百点』に「池波正太郎の銀座日記」連載が始まった。開始早々に、吉川英治記念館を訪れ『紅梅苑』で飲んだコーヒーがうまかったという話（冒頭の引用文）を書いている。それから一年ばかり後に、亡師はまた紅梅苑を訪ね、その日の日記にこう書いている。

×月×日

二人の友人と、奥多摩へ遊びに行く。先《ま》ず、沢井のあたりを取材してから吉野梅郷へもどり、故吉川英治氏の夫人が経営する［紅梅苑］へ行き、少憩する。（中略）名実ともにいまや奥多摩の名物となった菓子を求めてから、福生《ふっさ》へまわり、旧知のレストラン［さんちゃん］で夕飯。――

亡師は紅梅苑の「梅酒を使ったゼリーがことに素晴らしい」と絶賛していたが、これは多分、梅酒を加えて練り上げた「梅絹《うめぎぬ》」というのし梅のことだろう。

吉川英治は生前こよなく紅梅を愛し、戦中戦後にかけて青梅吉野梅郷に居を構え、ここで『新・平家物語』を執筆した。そこに生まれた紅梅苑だから、商う菓子も梅にちなむものが多い。

梅絹もいいが、私のおすすめは「紅梅饅頭《こうばいまんじゅう》」である。カステラ風のやわらかい生地で小豆《あずき》あんを包み、紅梅形に作ってある。本来辛党の私でさえ、つい手が出る。少し日にちが経ったのをこんがり焙《あぶ》ると、これがまたうまいのだ。

取り寄せガイド

紅梅苑

〒198-0063
東京都青梅市梅郷3-905-1
営 9:30〜17:00
休 月曜（火曜不定休）
払 代金引換、郵便振替
☎0428・76・1881
FAX0428・76・2161
http://www.koubaien.net

⬆吉野梅郷にある『紅梅苑』。毎年春には店頭に鴬宿梅《おうしゅくばい》が咲き乱れる。

◉新潟県・津川／麒麟山酒造

伝統辛口

×月×日

夕食は、焼き豆腐の煮たのとワサビの茎と、
鯛の刺身で冷酒一合半、
飯は、半分残した鯛の刺身で即席の鯛茶漬けにする。

『池波正太郎の銀座日記』より

◉静岡県・熱海／釜鶴

鰺《あじ》の開き

×月×日

第一食は到来物の鰺のヒラキを焼いたが、
あまり旨くて三枚も食べ、
ご飯も二杯やってしまう。
さらに豆腐の味噌汁もおかわりする。

『食卓のつぶやき』より

←越後津川の『麒麟山《きりんざん》酒造』は、180年以上の歴史をもつ、辛口にこだわりつづける蔵。「伝統辛口」1.8ℓ1838円。『釜鶴』は江戸末期、網元が創業した干物専門店。熱海の近海ものを中心に、季節ごとに全国から選りすぐりの魚を取り寄せ、天日干ししている。写真の鰺の干物は１枚530円。

麒麟山酒造

◉新潟県・津川／麒麟山酒造　伝統辛口

池波正太郎はまぎれもない酒好きだった。一緒に食事をして、何も飲まず素面《しらふ》のままいきなり食べるということは一度もなかった。

男の酒の飲み方というものは、父親のそれと深いかかわりがあるようである。池波正太郎の父は、酒に溺《おぼ》れて身を持ち崩した。酒浸りの亭主に見切りをつけて、母は正太郎を連れて離婚した。

そういう父を見て育ったから、「ヤケになったとき、酒を飲んではいけない」。

これが少年池波正太郎の頭にこびりついた。だから、苦しいときや哀しいときは一滴の酒も飲まぬ、と決めていた。

若い頃は酒には強かったようで「新国劇の総帥・島田正吾とサシで一晩に山葵卸《わさびおろ》しだけを肴《さかな》に三升空けた」と書いている。

二合か三合ぐらいで顔が赤くなり、だいぶ酔っているように見えるのだが、実は酔っぱらってはいない。十年間にただの一度も酔っぱらった姿を見たことがない。

自らの酒について、池波正太郎はこう書いている。

――私の酒は、まさに「百薬の長」と、いってよいだろう。小説を書く仕事をしていると、適量の酒がなくてはストレスも疲れもとれない。夕飯のときの二合の酒、またはウイスキーのオンザロックの二、三杯のあとで、書斎のベッドへ寝ころんで、一、二時間眠るこころよさは一日も欠かせぬ。これで疲れをとり、机に向かうことになる。――

ウイスキーも（ステーキには水割りだった）飲んだが、酒といえば日本酒、それも「お燗《かん》」が定番だった。洋食屋でも燗酒である。

しかし、「本当にいい酒のときはね、冷やで飲む」。それを聞いて私は、冷やで飲むに価すると思う越後の地酒を選んで十本、荏原《えばら》へ届けた。

「お前はオレをアル中にする気かい」と、亡師は一応文句をいったが目は笑っていた。後日、その感想にいわく、「どれも悪くなかったが、オレの好みでは麒麟山《きりんざん》だな。さっぱりとした辛口が気に入ったよ」

以来、池波邸へ届ける酒は越後津川の「麒麟山」と決まった。

◉静岡県・熱海／釜鶴　鯵の開き

池波正太郎は億万長者だったが、日常の食卓はむしろ質素で、われわれ庶民とあまり違いはなかったような気がする。

食日記の晩飯に登場するのは、鯵《あじ》の開き、カマスの一夜干し、金《きん》目鯛《めだい》の干物、いわしの味醂《みりん》干し、せいぜい高そうなものでは甘鯛の一夜干しぐらいのものだ。

一夜、湯河原の温泉宿で聞書きをした翌日、熱海へ出て銀座通りの『釜鶴《かまつる》』で鯵の開きを買い、「これだよ、これ。うまいぞォ。今夜はこれで一杯やる」と子供のように興奮していた亡師の姿が忘れられない。

⬆池波正太郎が描いた甘鯛の画。彼の小説の中にはさまざまな魚料理が登場するが、絵を描くときも好んで魚を描いた。池波正太郎記念文庫蔵

ここで暴露してしまうが、魚の干物なら何でも大好きな池波正太郎だが、「くさや」だけはだめだった。ご本人が食べたいと思っても奥方が「くさやだけは絶対不可」ということだったらしい。

おかげで書生は、池波ファンから伊豆七島名産くさやが届くたびに、おさがりを頂戴したものだ。

取り寄せガイド

釜鶴

〒413-0013
静岡県熱海市銀座町10-18
営 8:00～19:00
休 無休
払 代金引換
フリーダイヤル0120・49・2172
FAX0557・81・3706
http://www.kamaturu.co.jp

取り寄せガイド

酒・ほしの

〒959-0119
新潟県燕市分水大武3-1-4
営 9:00～18:00
休 土曜、日曜、祝日
払 代金引換
☎0256・97・2020
FAX0256・98・2020

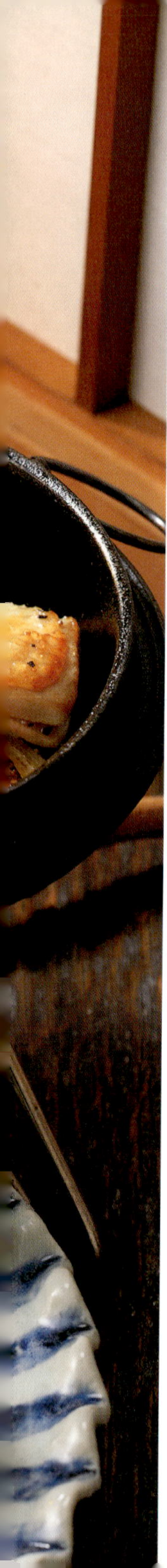

◉奈良県・吉備／フード三愛

大和肉鶏

×月×日
血圧も安定がつづいて、食欲がさかんになる。
これが夏の私だ。（中略）
夜は到来物の旨い鶏を玉ねぎと共に鉄鍋で焼く。
『池波正太郎の銀座日記』より

←大和肉鶏は奈良を代表する地鶏。適度な脂肪がある肉は締まりがよく、長時間煮込んでも形崩れしない。取り寄せは、「もも肉とむね肉セット」（800ｇ入り2100円）のほか、もも肉とむね肉各500ｇと割り下345ｇ、卵10個がセットになった「鶏すき焼きセット」（5000円）が人気。

◉奈良県・吉備／フード三愛　**大和肉鶏**

つぎに、軍鶏《しゃも》の臓物の鍋が出た。

新鮮な臓物を、初夏のころから出まわる新牛蒡《しんごぼう》のササガキといっしょに、出汁《だし》で煮ながら食べる。熱いのを、ふうふういいながら汗をぬぐいぬぐい食べるのは、夏の怪味であった。

「うう……こいつはどうも、たまらなく、もったいない」

次郎吉、大よろこびであった。

『鬼平犯科帳』より

「や、おいで」

梅安は居間で、何やら、むずかしそうな書物を読んでいたが、

「ちょうどよかった。相手がほしかったところなのだよ」

「何か、うまいものが入りましたかえ？」

「患家が、軍鶏をくれてな」

「そいつは、いい」

『仕掛人・藤枝梅安』より

池波正太郎の小説では軍鶏鍋がよく出てくる。鬼平一家のアジトの一つが本所《ほんじょ》の軍鶏鍋屋「五鉄」であることは、池波ファンならとっくにご存じのはずだ。

鬼平や梅安や秋山小兵衛の時代には、牛豚肉は食べなかったから、鶏肉は特別の口福《こうふく》だった。それも関東では軍鶏が一番だった。

池波正太郎が小説の中に食べもののことを書くのは、もっぱら季節感や生活臭を出すのが目的だったが、どうしても自分の好きなものを書くことになる。

⬆『仕掛人・藤枝梅安』の画。池波正太郎は自分が描いた小説の主人公たちを自ら絵でも描いた。池波正太郎記念文庫蔵

実際、亡師は鶏肉好きだった。ことに好きなのは鶏肉のスープ鍋で、当然、小鍋立てである。本来、小鍋立てとは、「わけありの男女のままごと」みたいなものだが、池波正太郎の場合は二階の仕事部屋で一人で食べる。その間、奥方と母親が階下で女同士で食事をするのだ。「嫁姑の対立を予防するためのオレなりの知恵だよ」と、ご本人は笑っていた。

　東京では軍鶏がうまい鶏の代名詞だが、名古屋から西では「かしわ」である。かしわは羽毛が柏の枯れ葉色を思わせる黄鶏のことで、中国伝来とも大和あたりの土着の地鶏ともいわれている。

　小説家に転ずる前、新国劇の脚本と演出を生業《なりわい》としていた池波正太郎は、名古屋公演の際は一カ月も名古屋のホテル暮らしで、その間にせっせと通ったのが『宮鍵』というかしわ料理屋だった。

　とにかく鶏肉が好きで、自宅で食べるときは、スープ鍋でなければ「鉄鍋焼き」が池波流である。鶏肉に軽く塩胡椒《こしょう》し、パリッと皮目を焦がすように焼き上げ、大根おろしとポン酢で食べる。本当にうまい鶏なら、こういうシンプルな賞味法が一番だ。

　スープ鍋であれ、鉄鍋焼きであれ、当節、亡師が「うむ、これはうまい」と満足してくれそうな鶏といったら、私の知る限り、奈良特産の「大和肉鶏」にとどめをさすだろう。

　軍鶏と名古屋種（いわゆる名古屋コーチン）とニューハンプシャー種の交配から生まれた大和肉鶏には、「懐かしい昔のかしわ」の味がある。

取り寄せガイド

フード三愛

〒633-0065
奈良県桜井市吉備444番地
営 9:00〜17:00
休 日曜、祝日
払 代金引換
☎0120・07・0810
FAX 0744・42・1012
http://www.e8010.com

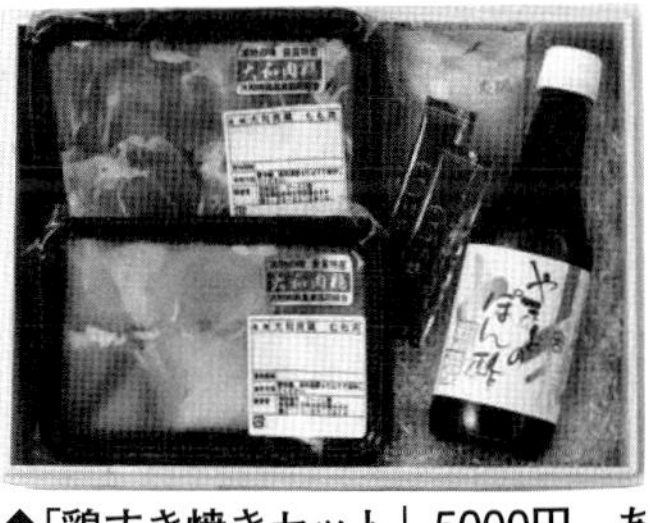

⬆「鶏すき焼きセット」5000円。あとは野菜を用意するだけ。

●京都府・木屋町／賀茂とうふ近喜

にがりきぬごし

夕暮れが近くなり、お幸《こう》は台所へ入って、
夕餉《ゆうげ》の仕度にかかった。

「お幸。今日の惣菜は何だね?」

「あの、先程、組屋敷へ出入りの魚やが、活《いき》のよい鯵《あじ》を持って参りましたので、塩焼にいたしまして……。あの、爺やは煮魚が好きですから煮つけにいたします」

「ほう、それはよいな」

「あとは、お豆腐。それ、その水桶《みずおけ》に冷やしてあります」

『鬼平犯科帳・俄《にわ》か雨』より

●新潟県・村上／大洋酒造

越乃松露《こしのしょうろ》

この稿を書いている今日の夕飯は、
豚肉の小間切れとホウレン草だけの「常夜鍋」と鰯《いわし》の塩焼。
これで冷酒を茶わんで二杯。
その後で、鍋に残ったスープを飯にかけて食べた。
『男のリズム』より

➡村上で造り酒屋を営んでいた14の酒蔵が合併して誕生した大洋酒造は、日本で初めて吟醸酒を市販した蔵元のひとつ。女房酒「越乃松露」は720㎖で913円。妾酒《めかけざけ》の大吟醸酒としては「大洋盛」720㎖で3990円がある。

➡厳選した国内産丸大豆をブレンドし、本にがりのみで固めた絹ごし豆腐。大豆の甘みと旨みがしっかり味わえるやわらか豆腐。1丁350gで350円。ほかに「にがりもめん」1丁350g350円もおすすめ。

◉京都府・木屋町／賀茂とうふ近喜

にがりきぬごし

もののたとえに「芝居につまれば忠臣蔵。おかずにつまれば豆腐汁」というように、とにかく豆腐さえあれば食卓は何とかなる。これほどありがたい食材はちょっと他にないだろう。

　夏場は何といっても冷《ひ》や奴《やっこ》だ。江戸時代の槍《やり》持《も》ち奴の衣装についていた紋所を連想させることから冷や奴の名が出たというが、大鉢《おおばち》か木桶《きおけ》に氷を入れて水を張り、そこへほどよい大きさに切った豆腐を泳がせ、青楓《あおかえで》の一葉などを浮かせると涼味が冴える。

　よく冷やした豆腐一丁そのままに太白胡麻油《たいはくごまあぶら》をかけ、水にさらした薄切りタマネギ、繊切りの青じそ、刻《きざ》み葱《ねぎ》をのせ、醤油をかけ回し、ぐちゃぐちゃにかきまぜて食べるのも（見た目は優雅とはいえないが）悪くない。

　何にしても豆腐そのものが肝腎。「昔の味の豆腐でないとねぇ……」とは亡師・池波正太郎の口ぐせだった。昔から〝豆腐の都〟を自負してきた京都から取り寄せれば文句はないはずだ。天保《てんぽう》五年創業の老舗『賀茂《かも》とうふ近喜《きんき》』のそれなら食卓の格も一段と上がる。

　創業当初は湯葉が本業だったと聞いているが、豆腐も油揚げもさすが京都……と、舌が納得する。

取り寄せガイド

賀茂とうふ近喜

〒600-8013　京都市下京区木屋町
通松原上ル３丁目天王町142
営 9:00〜18:00 休 年末年始
払 郵便振替、コンビニ支払かインターネット
注文のみカード決済、銀行振込可
0120・56・4112
FAX 075・352・3121
http://www.kamo-tofu.com/

⬆「にがりきぬごし」１パック350g350円。喉越《のどこ》しよく上品な味わい。

◉新潟県・村上／大洋酒造　越乃松露

池波正太郎はワイン(ことに白)もウイスキーも好きだったが、食事のときはほとんど日本酒と決まっていた。それも燗酒《かんざけ》である。資生堂パーラーへ行こうが、煉瓦亭《れんがてい》へ行こうが燗酒で、これにはびっくりした。

ただし、「本当にいい酒を自宅《うち》で飲むときだけは、冷やでやる」と聞いて、それからときどき私は、これぞと思う越後の地酒を荏原《えばら》の池波邸へ届けるようになった。

いま亡師が健在だったら是非とも飲んでもらいたかった……と思う佳酒がある。残念ながらその酒「越乃松露《こしのしょうろ》」はつい五年ほど前に誕生したばかりだ。

越後の北端、村上という静かな城下町で、大洋酒造がひっそりと醸《かも》している酒である。酒造りの天才で業界では知る人ぞ知る、先代蔵元・平田大六《だいろく》が稀代《きだい》の名酒を次から次へと造り出した。

大六先生は数年前、故郷の関川村へ帰って村長さんになってしまったが、自分の代わりに中村行善(現・大洋酒造常務・製造部長)を徹底的に鍛え上げて去った。

この大六先生の直弟子・中村行善が師匠譲りの技と、持って生まれた才能を発揮し、それまで大洋酒造になかった正真正銘の辛口を生み出した。それが辛口特別本醸造・越乃松露に他ならない。越後酒は「淡麗辛口」を基本的特徴とするが、それでもドライシェリーや焼酎に比べればまだ甘い。その常識を中村行善が打ち破った。

香りも味も華やかで自己主張の強い大吟醸を「妾酒《めかけざけ》」、毎夜の晩酌用の気のおけない本醸造を「女房酒」と私は呼んでいる。越乃松露に勝る女房酒はない。これなら三百六十五日飲み通したところで大して家計に響かない。

取り寄せガイド

大洋酒造

〒958-0857　新潟県村上市飯野1-4-31
営　8:30〜17:00
休　第1・第3土曜、日曜
払　代金引換、銀行振込(先払い)、郵便振替(先払い)
☎0254・53・3145
FAX 0254・53・3148
http://www4.ocn.ne.jp/~taiyobrw/

●広島県・尾道／ウオスエ

鯛《たい》の濱焼《はまやき》

折詰の、さめてしまった鯛の塩焼きもいいものだ。
深めの鍋に湯を煮立て、鯛はまるごとにいれ、
煮出したら豆腐のみを入れる。
味つけは酒と塩のみがよい。
これを小鉢へ引き上げ、刻《きざ》み葱《ねぎ》を薬味にして食べるのは、
飯よりも酒のときだろう。

『味と映画の歳時記』より

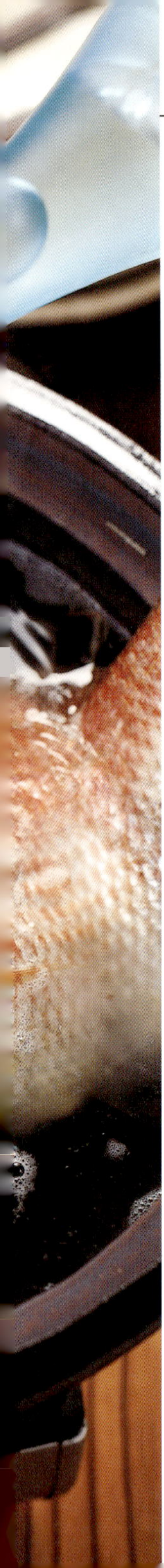

←身の締まった獲れたての天然鯛を、塩釜で焼いた逸品。そのまま食べる際には、電子レンジで温め、おろし生姜《しょうが》、またはおろし山葵《わさび》か醤油をつけて食べる。うろこは油で揚げると、格好のビールのつまみとなる。１尾約650ｇ１万500〜２万円。

◉広島県・尾道／ウオスエ　鯛の濱焼

亡師にとって、魚の王様といえば鮪《まぐろ》より鯛《たい》だった。「風姿、貫禄、味、どれを取っても海魚の王の名にそむかない」と、鯛には特別の敬意を表していた。

たいていの魚には年に一度の旬というものがあり、その時季に食べなければだめだということになっているが、「鯛は周年」で産卵直後の初夏を除けばほとんど一年中うまい。だから「魚偏に周」と書くのである。

白身でくせがなく、淡白なようで奥深い滋味があり、煮ても焼いても蒸しても、さまざまな調理法に柔軟に対応しながら、しかも鯛の鯛らしさはしたたかに一貫している。むろん、これは天然の真鯛の話だ。

あらゆる鯛料理を集めたら一冊の本ができるだろうと思うほど鯛の賞味法はさまざまにあるが、その中で池波正太郎が最も好んだのは、やはり刺身だった。

それも鯛の刺身で酒を飲むのではなく、これでご飯を食べるのが池波流である。

「私が、家で鯛の刺身をやるときは、生醬油《きじょうゆ》へ良い酒を少し落し、濃くいれた熱い煎茶へ塩をつまみ入れたのを吸い物がわりにして御飯を食べる。私にとって鯛の刺身は酒よりも飯のものだ。むろん、酒の肴《さかな》にして悪かろうはずはないが、何といっても温飯《ぬくめし》と共に食べる鯛の刺身ほど、うまいものはない」と、エッセイの一節にある。

それでは鯛では酒を飲まないのかといえばそうではなくて、亡師の場合、鯛で飲むなら「鯛豆腐」なのだ。昔の宴席ではよく折詰の鯛が出た。冷たくなったこの塩焼は、その場で食べてもいいが、箸《はし》をつけずに持ち帰り、自宅で鯛豆腐にするのが常識だった。鯛豆腐は鯛の塩焼を出汁《だし》に使って、鯛そのものは食べない。なんとも贅沢《ぜいたく》な話である。

近頃の宴会では折詰の鯛にお目にかかることはまずない。いわゆる「デパ地下」で有名料亭の鯛の塩焼は買える（と、山妻は言っている）が、それより私は尾道の『ウオスエ』から濱焼鯛《はまやきだい》を取り寄せることをすすめる。

濱焼鯛はもともと瀬戸内の塩田から生まれた漁師料理だ。江戸時代、参勤交代の制度が確立した頃から、これが将軍家への献上品に出世する。献上濱焼鯛の目印ともいえる竹皮製の伝八笠《でんぱちがさ》の包装には、「下にも置かず」という表敬の念がこめられているのである。

明治末期、製塩業が国営となったとき、塩田を利用した濱焼鯛の製造は禁止となった。日本食文化の傑作をあっさり切り捨てたのだから、役人のやることは言語道断というしかない。このとき、郷土名産濱焼鯛の伝統を守るべく立ち上がったのがウオスエの初代・堺《さかい》本末松《もとすえまつ》だった。

私財を投じて自家製法の研究に寝食を忘れ、末松はついに独特の屋内濱焼法を完成した。糯米《もちごめ》を蒸し上げる蒸籠《せいろう》の原理を塩と鯛に応用した画期的な製法である。

以来、約百年。「目出タイに喜コブ」でなければいかんという初代の家訓は四代目のいまも守られていて、ウオスエの濱焼鯛には必ず昆布がぎっしり詰め込んである。

ウオスエは天然の真鯛しか使わず、「ヨーダイ（養殖鯛）を使うくらいなら店を畳む」と覚悟を決めている。このウオスエの濱焼鯛ならば、美肉をむさぼり喰った残りの頭と中骨で最高の鯛豆腐ができる。鯛豆腐の後は、鍋のスープを漉《こ》して、これで雑炊を仕立てると天下一品。高いようだがトコトン味わい尽くせば、これほど安上がりな贅沢はない。

取り寄せガイド

ウオスエ

〒722-0004
広島県尾道市正徳町25-13
営 8:00〜17:00
休 水曜、日曜、祝日、年末年始
払 代金引換、郵便振替
☎0848・23・2515
FAX 0848・25・4180
http://chupea-mail.jp/hamayaki/

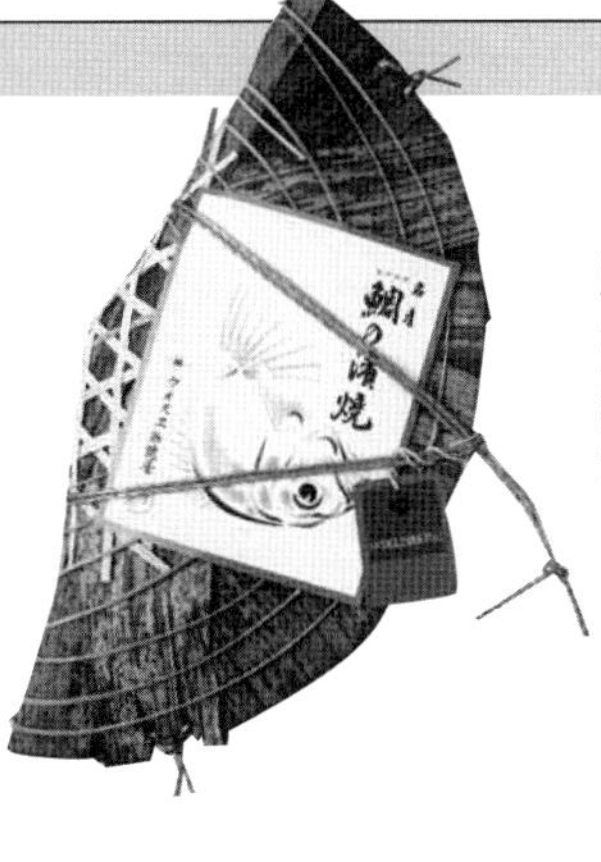

⬅「鯛の濱焼」はこの伝八笠に包まれて届けられる。献上濱焼鯛の目印だ。

◉広島県・宮島口／うえの

焼穴子

×月×日
毎朝、焼穴子を食べている。（中略）
講談社・宮田氏が来て、梅安の原稿を持って行く。
夜は、けんちん汁に牛肉のすき焼き。ともかく寒くて身動きもならぬ。
炬燵《こたつ》へ入ったら、最後、もう出られない。
それにカレイの煮付けと柚子切《ゆずきり》そばで夕飯。
『池波正太郎の銀座日記』より

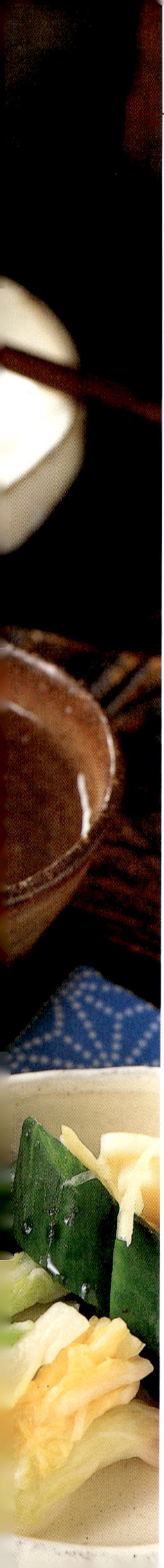

←写真手前「特製　あなごの蒲焼《かばやき》」と写真奥「特製　あなごの白焼《しらやき》」。どちらも１匹50ｇ前後のものが２匹入って約100ｇ2100円。『うえの』ではこのほか、「あなごの笹めし」も人気。穴子のアラから出汁を取って作る『庭園の宿　石亭《せきてい》』の定番料理で１個441円の限定品だ。

◉広島県・宮島口／うえの　焼穴子

白いご飯に熱々の味噌汁、おかずは納豆、焼海苔《やきのり》、漬物、それに鮭《さけ》の塩引《しおびき》――これが伝統的な日本の朝餉《あさげ》の典型だろうと思うが、池波正太郎ともなると、ちょっと話は違ってくる。

　何しろ朝からカツ丼を食べ、ステーキを食べ、天丼を食べたりしていた食道楽作家である。食日記に「毎朝、焼穴子を食べている」とあっても驚くにはあたらない。

――きょうは午後から銀座へ出て「ヨシノヤ」で靴を買い、食事をしてから歌舞伎座へ行く。（中略）タクシーで帰り、書斎のガラス戸を開けると、冷え冷えとした夜気が流れ込む。到来物の穴子を焙《あぶ》り、御飯にのせて一杯だけ食べる。きょうも仕事をしなかった。――

と、『池波正太郎の銀座日記』にあるところを見ると、夜食にも焼穴子を食べていたわけで、よほど穴子が好きだったに違いない。

　東京では昔もいまも「羽田沖の江戸前穴子」を天下一品と誇り、もっぱら天ぷら屋と鮨屋が奪い合いをしているが、焼穴子を買ってきて家庭で賞味する風習は東京にはなく、これは関西のものである。上方人《かみがたじん》は「穴子は瀬戸内海が日本一や」と公言してはばからない。

　池波家への到来物の穴子も当然瀬戸内海産だったろう。私の推測では広島の宮島近海で漁《と》れる穴子である。それというのも厳島《いつくしま》神社へ渡る宮島口の駅近くに、穴子飯で名高い『うえの』があり、ここの穴子が日本一うまいと思っているからだ。

　明治三十四年創業の穴子飯元祖うえのは宮島の対岸、宮浜温泉に本邦屈指の名旅館『石亭《せきてい》』を営み、

一度だけ私も泊まった。聞きしに勝るいい宿だった。うえのの主でもある館主・上野純一にそのとき聞いた話では、

「宮島の穴子は贅沢《ぜいたく》三昧の美食家なんですよ。豊富な小魚や海老、牡蠣《かき》などをたっぷり食べて育つから脂が乗っていて、旨味が深い」

しかも、好物を鱈腹《たらふく》食べた後、昼間潜り込んで安眠をむさぼる磯や砂地が随所にあり、穴子が脂を溜め込むにはまさに理想的な環境だという。なるほど、うまい穴子が漁れるわけだ。

穴子にとっては桃源郷ともいうべき、こういう海で育った穴子は、決して大きくはないが、身が肥えてずんぐりとした頭が小さく短いのが特徴で、腰のあたりが飴色《あめいろ》に輝いているようなものが特級の味だそうである。

「ただし、そういう特級穴子は百本に一本か二本で、これを揃えるのに毎日骨身を削る思いです」

と、上野純一は嘆いて見せたがその眼は自信に輝いていた。

うえのが送ってくれる焼穴子には、白焼《しらやき》と蒲焼《かばやき》の二種類がある。私にいわせれば、白焼は酒の肴《さかな》によろしく、蒲焼は穴子飯にするのが一番うまい。

白焼には淡口《うすくち》醤油と酒を同割にしたタレが付いてくるから、これを塗ってさっと焙《あぶ》り、熱々にかぶりつきながら酒を飲む。辛口の本醸造が合うが、白ワインもいい。

蒲焼は絶対に酒よりも炊きたての白いご飯である。鰻丼《うなどん》のように豪快に丼飯にのせるもよし、櫃《ひつ》まぶしのように小口切りをご飯に混ぜ込むもよし。池波正太郎ならずとも、毎日食べたくなる。

取り寄せガイド

うえの

〒738-0000
広島県廿日市市宮島口1-5-11
営 9:00〜19:00
休 無休
払 代金引換、郵便振替、銀行振込
☎0829・56・0006
http://shop.anagomeshi.com/

⬆駅弁屋から始まった『うえの』は、宮島口駅から徒歩1分の場所にある。

◉広島県・地御前／川崎水産

健《けん》牡《が》蠣《き》

×月×日
夜は、自分の小説の挿絵を三枚描く。
なんだか画家になったような、いい気分なり。（中略）
カキを買って来させ、薄い味噌汁仕立ての出汁《だし》で、
焼豆腐、ネギと鍋にする。白ワインをグラス二杯。
そのあと、蒸しガレイで御飯一杯。
『池波正太郎の銀座日記』より

←瀬戸内海の豊かな恵みから生まれた「健牡蠣」は、殻付生かきが20個入りで3150円～、生かきが１kg3750円～。このほか生牡蠣のむき身700ｇと、牡蠣の生姜煮《しょうがに》200ｇ２袋がセットになった「牡蠣のしょうが煮セット」2700円も人気。

Paquet

◉広島県・地御前／川崎水産　健牡蠣

池波正太郎は貝の類はどれも好きだった。亡師が育ったころの東京湾は貝類の宝庫だったから、ま、当然のことだろう。その延長線上で牡蠣《かき》も好物だった。

不肖の弟子もアタマに狂がつく牡蠣好きで、いい牡蠣があるときは当然、殻付きを自分で割って生牡蠣をそのまますすり込む。

しかし、あれだけの牡蠣好きでありながら、池波正太郎は滅多に生牡蠣は食べようとしなかった。フランス周辺の旅でマルセイユに立ち寄ったとき、浜辺で牡蠣の立ち食い屋台を見つけた弟子が食べましょうといった途端、亡師は、

「やめとけ」

旅の途上で万が一にも腹下しでもしたらいけない、という用心のためである。しぶしぶ諦めた。

――十二月に入ると、私には河豚《ふぐ》よりも牡蠣のほうがよい。それも生牡蠣ではなく、鍋にしたり、牡蠣飯にしたり、網の上へ昆布を敷き、それこそ葱《ねぎ》といっしょに焼き、大根おろしで食べたりする。夜食の牡蠣雑炊もよい。――

と、『味と映画の歳時記』にある。生牡蠣以外は、牡蠣でさえあれば何でも喜んで食べていた。

ある日の食日記には、「夕飯はカキをフライにして新鮮なキャベツ、ポテトサラダでビール」。また別のある日は、厳島《いつくしま》の老舗旅館「岩惣《いわそう》」に泊まった夜の献立に、「前菜、カキのチーズ焼。中皿に牡蠣の銀紙焼・セロリ・トマト・パセリ添え。追肴《おいざかな》は牡蠣殻焼レモン添え。酢物に酢牡蠣・紅葉おろし、みじん三つ葉・ポン酢。いずれも念の入った、結構なものだった」。

銀座の亡師御用達ともいえる老舗洋食屋でも、牡蠣の季節には、「とりあえず焼き牡蠣でお酒を燗《かん》

で一本。そのあとカツレツにハヤシライス」が定番だった。

とにかく牡蠣大好き人間だったから、池波正太郎は『剣客商売』にも好みの牡蠣料理一品を、こんなふうに書いている。

――いったん、階下へ去ったおもとが、蠣《かき》の酢振《すぶり》へ生海苔《なまのり》と微塵《みじん》生姜《しょうが》をそえたものと、鴨《かも》と冬菜の熱々の汁を運んであらわれた。

このように、すこしも体裁にとらわれずに、うまいものが食べられるというので、このごろの元長は、なかなかどうしてよく繁昌しているのである。――

池波正太郎がゾッコン愛した牡蠣の真味を、いま、われわれが求めるなら、それは「広島の、地御《じご》前《ぜん》の、川崎健《けん》の、健牡蠣」これにとどめをさすだろう、と私は思っている。

二十数年前、初めて川崎健という牡蠣職人に出会い、牡蠣に命を賭けている若者の、採算を二の次にした牡蠣育てに感銘し、以来、私は「牡蠣は健牡蠣」一筋だ。

夏の天然物の岩牡蠣を別にすれば、われわれが日常食している牡蠣は百パーセント養殖の真牡蠣である。

養殖技術の進歩で牡蠣はどうにでもなる。採算本位に「殻は立派だが中身は貧弱」にもなれば、採算度外視で「焼くほど身がぷっくりふくらむ」超一級牡蠣にもなる。要は、牡蠣職人の志の高さ次第だ。

健牡蠣は見た目の殻の大きさは頼りないほど小さいのに、焼くと信じられないほど身がぷっくりとふくらむ。

こういう牡蠣は、健牡蠣のほかにはあり得ない。

取り寄せガイド

川崎水産

〒738-0042
広島県廿日市市地御前5-2-20
営 9:00〜18:00
休 日曜、年末年始
☎0829・36・2345
FAX0829・36・0059
http://www.artz.co.jp/kaki/kawasaki-suisan.html

⬆殻付き牡蠣約15個とむき牡蠣500gのセット4095円。

◉京都府・東山／かね庄

お茶漬鰻《ちゃづけうなぎ》

◉京都府・東山／野村治郎助商店

千枚漬

×月×日
夜は、高橋箒庵日記［萬象録］第一巻が届いたので、
ベッドへ持ち込んで読む。（中略）
夜ふけて急に腹が減ってきたので
［かね正］の鰻茶漬けを少し食べ、
つづいて故横山操の画文集［人生の風景］を読み、見る。

×月×日
おでんの鍋で酒半合。
あとは鮭《さけ》の粕漬《かすづけ》に茶飯、
千枚漬とカラシ茄子《なす》。
『池波正太郎の銀座日記』より

⬅漬物専門店の『野村治郎助商店』は明治時代まで青物問屋だったという。千枚漬（120ｇ630円、11月～３月）とともに、小粒丸茄子からし漬（140ｇ420円、通年）が有名。『かね庄《しょう》』の創業は慶応２年（1866）。昭和に入り、一時『かね正』と社名が変更になった。現在、『かね庄』は小売販売店として、『かね正』は同じ場所で川魚問屋として営業している。お茶漬鰻（100ｇ2520円～）は昭和初期、２代目藤居庄次郎が考案した店の一押し人気商品。

◉京都府・東山／かね庄　お茶漬鰻

池波正太郎が「いまにも、よだれをたらさんばかりに……」と書いている好物を、私の記憶で列挙してみよう。

カツレツ。ビフテキ。上海《シャンハイ》風焼きそば。鮨。蕎麦。天ぷら。洋食のあれこれ。どんどん焼。かやくご飯。おでん。シャーベット。鶏スープ鍋。松茸《まつたけ》のフライ。

そして、もちろん鰻《うなぎ》を忘れるわけにはいかない。鰻は池波正太郎大好物ベストテンの、おそらく二位か三位に入るだろう。ひょっとすると第一位かもしれない。

人並みはずれた鰻好きとして有名だったのは、かの美食家・北大《きたおお》路《じ》魯山人《ろさんじん》で、エッセイの一節に、「私の体験から言えば、毎日食っては倦《あ》きるので、三日に一ぺんぐらい食うのがよい」と書いているが、私の見るところ、亡師の鰻好きも魯山人といい勝負だった。

おかげで書生もずいぶんあちこちの高名な鰻屋を知ることになったが、連れていってもらうたびに耳にタコができるほど「鰻屋での心得」を聞かされた。

「いいか。鰻を食うときは、お香《こう》こだけで酒を飲みながら待っていなきゃいけない」

池波正太郎には痛風という持病があったが、「鰻は痛風にいけないのか、いいのか……」と悩みつつ、それでも鰻屋通いがやめられない亡師だった。

三日に一ぺん鰻屋へ行くだけではおさまらず、自宅にはつねに京名物「かね庄《しょう》のお茶漬鰻」を常備していたのだから半端ではない。

作家・池波正太郎の日常の生活パターンは一般人とは大きくズレていて、夜中に仕事をするから起きるのは昼前の十一時頃。

そこで朝飯ならぬ「第一食」。

夕飯は人並みの時間に食べ、深更に夜食ということになる。これで三食。

お茶漬鰻の出番はいつも夜食だった。

醤油・砂糖・味醂《みりん》・酒で濃いめの味にした鰻だから、適当に切って温飯《ぬくめし》にのせ、山葵《わさび》や山椒《さんしょう》など好みの薬味を加え、熱いお茶をかければ、簡単に極上の鰻茶漬《うなちゃづけ》が楽しめる。何を隠そう、私も我が家に常備してある。

◉京都府・東山／野村治郎助商店　千枚漬

お茶漬に他のおかずはいらないが、漬物だけは欠かせない。亡師御用達の漬物といえば、やはり京都の明暦元年（一六五五）創業という老舗『野村治郎助商店』の千枚漬と、小粒丸茄子《まるなす》からし漬だった。

千枚漬とは、秋から正月を越して春までの、京漬物の代表として酸茎《すぐき》と肩を並べる美味である。一個で重さが二キロ以上もある巨大な聖護院《しょうごいん》かぶらを材料とし、昆布の旨みをきかせた優しい味と、見た目の美しさが特徴だ。

最初、聖護院かぶらの漬物は上から縦にたくさんの刻み目を入れて塩漬けにしただけのもので、千枚漬という名前もなかった。

今日の千枚漬は江戸末期の慶応元年（一八六五）に、御所の大膳寮に務める料理方が宮中の献立として考え出したものだ。聖護院かぶらを横に薄く鉋《かんな》で輪切りにし、一晩塩漬けにした後、昆布を入れ味醂《みりん》と酢で味を調え、かぶらの白を引き立てるために壬生菜《みぶな》の緑を添える。

こうして生まれる千枚漬は単なる漬物というより一種の京料理。だから一軒ごとに味が違うのだ。

取り寄せガイド

かね庄

〒605-0006
京都市東山区縄手三条下ル
営 9:00〜18:00
休 日曜
払 振り込み確認後発送
☎075・541・1171
FAX075・541・1136
http://www.unagi-kanesho.co.jp/

取り寄せガイド

野村治郎助商店

〒605-0906
京都市東山区問屋町通五条下ル
3丁目東橘町446
営 9:30〜18:00
休 不定休、年末年始
払 代金引換
☎075・561・3565
FAX075・561・8757

◉神奈川県・箱根／はつ花

天味《てんみ》そばセット

×月×日

夜、越中（富山県）井波の岩倉さんが来訪。

利賀《とが》山中で栽培されているワサビを、たくさん持って来てくれる。（中略）

夜食は、さっそくに利賀のワサビをおろし、

箱根［初花］の蕎麦をあげて食べる。

『池波正太郎の銀座日記』より

←水を一切使わず、蕎麦粉、自然薯《じねんじょ》、卵だけで練り上げた蕎麦。茹《ゆ》で上げてしばらくたってもサラッとほぐれ、ベタベタしない。取り寄せは干し蕎麦とつゆがついた「天味そばセット」（6人前1550円）。

◉神奈川県・箱根／はつ花　天味そばセット

池波正太郎は生粋の「江戸っ子作家」だった。ルーツをたどれば、ご先祖は越中井波《いなみ》の宮大工で、天保《てんぽう》の頃に江戸へ出てきて浅草に住みついたという。ご当人いわく、「三代続かなきゃ江戸っ子じゃないというけど、池波家はオレが七代か八代目だからね」

もっぱら「温厚」が看板の池波正太郎だったが、むきになって怒ることもたまにはあり、その一つが江戸っ子の蕎麦の食い方をからかわれたときだ。

見栄っ張りの江戸っ子が死ぬ間際に「ああ、せめて一ぺん、蕎麦をどっぷりつゆにつけて食いたかった……」と本音を吐くという例の笑い話。これに対しては必ず「ふざけちゃいけない！」

もともと江戸蕎麦の濃いつゆは、どっぷり蕎麦をつけ込んでしまったら、とても食べられたものではない。蕎麦の先だけつゆにつけて手繰れば、蕎麦の香りが生きて、つゆの味と調和し、しみじみ蕎麦のうまさがわかる。それが江戸蕎麦の食べ方なのだ。

「酒を飲まぬくらいなら蕎麦屋へなんぞ入るな」

これが亡師の口癖だった。実際、一緒に街を歩いていて、池波正太郎が「おい、佐藤くん、蕎麦でも食おうか」といったら、それは「ちょっと一杯やろうや」という意味だった。

蕎麦屋へ入るなら、昼の混雑する時間をはずし、まず焼海苔《やきのり》か板わさぐらいで酒を一、二本やって、さっと蕎麦を手繰って、さっと勘定を払って帰れ。長尻はいけない……と教わった。

蕎麦とつゆが本当にうまければ

薬味は無用といい、つゆが濁るのを嫌って、山葵《わさび》でも七味でも直接蕎麦につけろという主義だった。
　しかし、これはちゃんとした蕎麦屋へ行ったときの話。自宅でも週に何度か「家人に蕎麦をあげさせる」というほど、夜食での蕎麦の出番は多かったが、「つゆに少しニンニクを擂《す》りおろして入れると、ちょっと変わった味になって旨い」と『銀座日記』に書いている。亡師はつねに「蕎麦をあげる」と表記するのが独特で、これは浅草方言なのだろうか……。

⬆自然と風光明媚《めいび》な箱根で、蕎麦と言えば『はつ花』。店舗は箱根湯本の湯場《ゆば》という地域にある。

取り寄せガイド

はつ花

〒250-0311
神奈川県足柄下郡箱根町湯本635
営 10:00〜19:00
休 木曜
払 代金引換
☎0460・85・8287
FAX 0460・85・8286
http://www.hatsuhana.co.jp

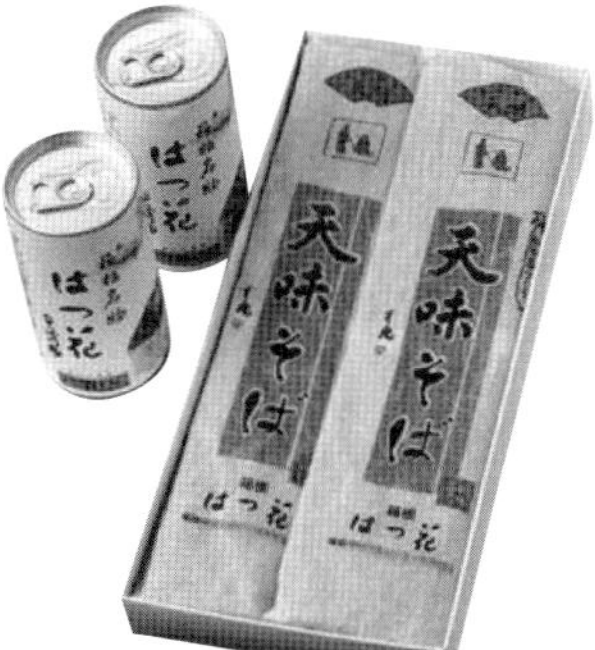

⬅干し蕎麦とつゆがついた「天味そばセット」。干しそばだけの取り寄せも可能だ。

◉東京都・下北沢／アンゼリカ

カレーパン

×月×日

午後から、写真家の田沼武能さんが来て、浅草へ行き、撮影する。

終って、六区［リスボン］でポーク・カツカレーでビール。（中略）

夜食は、カレー・パンにトマトジュース。

『池波正太郎の銀座日記』より

←スパイシーカレーパン１個189円。池波正太郎仕様の辛口のカレーパン。約20種類のスパイスがブレンドされた自家製カレーは絶品。同店のドイツパンも池波正太郎の好物だった。

カレーパン

　時代小説の作家は扇子片手に着流しで雪駄《せった》かというと、池波正太郎の場合はまったく違う。ほとんどいつも洒落《しゃれ》たジャケットにスポーティーなシャツで、ソフトがトレードマークだった。

　ハイカラ好みは池波正太郎の一つの特徴で、それは着るもの、身につけるもの、持ちものはいうに及ばず、食べるものにもはっきり表れている。

　その一つの証拠はパン好きだ。白いご飯が大好きだったが、同じくらい美味しいパンにも目がなか

⬆『アンゼリカ』の店内。カレーパンは一番人気の「中辛」のほか、「辛口野菜」や「きのこの里」などが並ぶ。

った。毎年のように二、三週間のフランス周遊旅行に出かけたが、その間に亡師が和食を食べたがったことは一度もない。

　実をいうと鞄持ちの私のほうがだめで、途中で何度かせがんで中華料理にしてもらったくらいだ(中華料理屋へ行けば少なくとも米の飯がある)。

　どこだったか場所は忘れたが、フランスの田舎の小さな宿の朝食に出たパンがあまりにうまかったらしくて、池波正太郎は書生に命じた。

「今日は昼食も、このパンを食べる。包んで持って行ってくれ。ドライブの途中でハムやソーセージを買って、景色のいい所でピクニックだ」

　これは余談だが、亡師はこの日のピクニックがすっかり気に入ってしまい、それからというもの旅の途中で何度もピクニックをしたものだ。

　このパン好き作家が自宅で食べるパンは下北沢の『アンゼリカ』のパンと決まっていた。池波正太郎とアンゼリカは先代のときからのつき合いで、跡継ぎ息子の結婚に仲人を務めたというから、大変な肩入れぶりだ。

　アンゼリカ名物はバリエーション多彩なカレーパンだが、池波正太郎は「カレーパンは辛い方がいい」とスパイシーなものを好んだ。いつ行っても行列のできている店だから、取り寄せがきくというのはありがたい。夜鍋の途中で、「カレーパンにトマトジュース」が池波正太郎流だが、私は「カレーパンにビール」である(カレーには絶対ビールですよ。先生)。

取り寄せガイド

アンゼリカ

〒155-0031
東京都世田谷区北沢2-19-15
営 10:00〜売り切れ終い
休 火曜
払 代金引換
※カレーパンの取り寄せは11月〜３月の期間限定。
☎03・3414・5391
FAX03・3414・1055

⬆これがスタンダードタイプの中辛カレーパン。１個210円。

◉新潟県・栃尾／豆撰

油揚げ

×月×日
今年の秋は気力、体力がおとろえてしまい
週刊誌の連載小説がなかなかに書き出せない。
夕飯後、おもいきって書き出す。二枚強を書く。これでよい。
今夜は、油揚げを網で焼き、オロシ醤油で食べる。
それからカツ丼をこしらえさせた。（中略）今夜は旨かった。
『池波正太郎の銀座日記』より

←油揚げはオーブントースターで炙《あぶ》るか、または、油を引かないフライパンで弱火で蓋《ふた》をして両面を焼いて、塩さんしょうや味噌たれなど好みの薬味で食べるのが、豆《まめ》撰《せん》のおすすめの食べ方。１枚230円。このほか同じ大豆から作る「ざるとうふ真心」480円も人気がある。

◉新潟県・栃尾／豆撰　油揚げ

仕掛人・藤枝梅安は池波正太郎が生み出したヒーローの一人で、表向きは鍼《はり》医者だが本業は殺し屋である。

商売柄むろん妻子はなく品川台町の雉子《きじ》の宮《みや》神社近くで一人暮らし。ちなみに荏原《えばら》の池波邸からそんなに遠くない所だ。

梅安は食道楽であり相当な食通でもある。仕掛（殺し）の報酬でどんな贅沢《ぜいたく》も可能だが、普段はつつましく自炊している。たとえば——百姓の女が帰ってしまった昼すぎになってから、梅安はようやく起き出した。

居間に切ってある囲炉裏《いろり》へ、うす口の出汁《だし》を張った鉄鍋を掛け、中へ輪切り大根と油揚げを細く切ったものを入れ、これがぐつぐつ煮え出すのを小皿へとって、さもうまそうに食べつつ、梅安は酒をのみはじめた。——

右は『おんなごろし』の一節だが、『殺しの四人』という一篇にも、大根と油揚げだけの小鍋立てが出てくる。出汁は鶏だ。

これほど安い材料の、これほど簡単な食いものはないと思うが、実にうまそうで、つい（今夜はこれにしよう）と思ってしまう。それはもちろん池波正太郎の筆力の仕業であるが、もう一つには小鍋立てに舌鼓を打つ梅安の姿にどうしても亡師のそれが重なって見えるからでもある。

毎年、長者番付の上位に名を連ねる大流行作家だったが、池波正太郎の日常の食卓はつねに下町っ子らしく庶民的で、特別のご馳走《ちそう》は滅多に出てこない。

そういう池波正太郎にとって豆腐や油揚げは最も身近な、毎日のように食べても飽きない大事な食卓の友だった。

それだけに豆腐一丁、油揚げ一

枚に対しても、「これをどうやって食べるのが一番うまいか」を大真面目に考え、自分なりの工夫で楽しんでいた。

亡師創案の鍋の一つに「揚げ入り湯豆腐」というのもある。湯豆腐に油揚げを入れるだけだが、実際にやってみると滅法うまい。これもありがたくまねをして我が家の定番にしている。

こういう簡素な食べ方には素材そのものの吟味が重要である。網焼きをオロシ醤油で食べるにしても、油揚げと大根の小鍋立てでも、揚げ自体がよくなくては話にならない。

越後のほぼ真ん中の山中にある栃尾《とちお》の『豆撰《まめせん》』から油揚げを取り寄せて食べるたびに、ああ、これを一度亡師に食べてもらいたかったな……と思う。

江戸時代初期、恒例の馬市につきものの名物として栃尾に生まれた巨大な油揚げだ。

三百年の伝統を持つジャンボ油揚げは、時代の流れで原料大豆は外国産に、天然ニガリは工業用の硫酸化カルシウムという薬品に変わった。

その時流に逆らって、

「新潟県産の地豆しか使わない。天然ニガリしか使わない。安い大豆白絞油《しらしめゆ》ではなく、昔ながらの菜種油しか使わない」

と奮闘しているのが豆撰である。いまは煮搾りが常識の豆乳も、ここでは「古法通りの生搾り」にこだわっている。

そういうこだわりの結果は、見事に、その味と香りに出ている。「うむ、これは昔の味だな」と池波正太郎も認めるに違いない。

取り寄せガイド

豆撰

〒940-0205
新潟県長岡市栄町２丁目8-26
営 9:00〜17:00
休 土曜、日曜、祝日、年末年始
払 代金引換、銀行振込、カード決済
0120・05・5006
FAX 0258・53・2177
http://www.nscs.co.jp/mamesen/index.html

⬆栃尾の油揚げ10枚とタレがついた「豆撰Ｄセット」3450円(送料込み)。

●静岡県・伊豆／浅田わさび店

天城山葵《あまぎわさび》

これまで、最高にのんだのは、島田正吾と二人きりで、
大阪・北の［ひとり亭］という酒亭で三升のんだときだ。
この酒亭は一風変わった店で、肴《さかな》は、すりおろしたわさびのみ。
酒は一升びんをもって来させ、他人をまじえず、二人きりでのんだのだから、
明け方に一升びん三本が空になったのを見て、
その量がはっきりとわかったのである。
『私が生まれた日』より

←生山葵は大1050円、小525円。浅田わさび店のオリジナル「鮫皮卸板《さめかわわおろしいた》」は大1575円、小735円。店主によれば、なるべくゆっくり輪を描くようにすり卸すのが、美味しく卸すコツだという。この店の、「自家製わさび漬け」も絶品。150ｇ315円～で、箱入りもある。

◉静岡県・伊豆／浅田わさび店　天城山葵

刺身にはむろんのこと、亡師の好物だった鰻茶漬《うなちゃづけ》にも蕎麦にも、山葵《わさび》は欠かせない。そも山葵とはいかなる植物か。

ワサビはアブラナ科に属する日本固有の常緑多年生宿根植物で、学名もワサビア・ジャポニカという。日本の三大ワサビ産地は長野県、静岡県、島根県で、生産量においては穂高《ほたか》町を中心とする長野県が全体の半分を占めて圧倒的な第一位を誇る。

しかし、東京や京都をはじめ全国の一流料理人が「山葵はやっぱりあそこに限る」という山葵専門店は静岡県の、伊豆は天城《あまぎ》山中の街道筋にひっそりとある。

その名を『浅田わさび店』といい、名産天城山葵の他に、毎日家族総出で作る山葵漬、それに店主みずから手作りの鮫皮卸板《さめかわおろしいた》を細々と商っている。

知る人ぞ知る日本料理の鬼才に浅田わさび店を教わって以来約三十年になる。私に山葵の真髄を語り聞かせてくれた先代・浅田信雄はすでに亡く、いまは一人息子の努が〝天城山葵の鬼〟といわれた父の遺志を継いで頑張っている。

「量的には長野県が日本一かもしれないが、山葵の質が違うよ、質が。穂高は畝《うね》を造って水の流れない高いところに植えるから、甘味が乏しくて苦味が強い。

それに対して畳石《たたみいし》式の山葵田で一年中絶えない湧水の中で育てる天城山葵は、辛味の中に何ともいえない爽やかな甘味がある。味のわかる人が山葵は天城に限るというのはそこなんだよ」

と、天城山葵の鬼はいった。そのことばが私の山葵鑑別の絶対の基準となっている。生の山葵をそのままかじってみて、快い甘味を感じるか否か、だ。

山葵の品種は数え上げたらキリがないほどあるが、「見た目にはパッとしないが、これが最高の天城山葵」と浅田信雄が断言した真《ま》妻《づま》を何本か買い求めて、荏原《えばら》の池波邸へ届けたことがある。

数日後、何かの所用で荏原を訪ねると、亡師は珍しく上機嫌で、「あれはいい。きみが持ってきてくれたあの山葵は実にいい」と褒めてくれた。若い頃、新国劇の総師・島田正吾とさしで山葵を肴《さかな》に一晩三升を空けた……という話は、そのときに聞いた。

肴は卸し山葵のみとは、随分辛かっただろうなあと思ったことを覚えている。浅田から山葵が届くと私もまずは山葵で一杯となるが、いつもマッチ棒ほどの細い拍子木に切り、削り節をかけ、酒割り醤油を滴らせて食べる。

山葵はすり卸して初めて猛然と辛くなる。山葵特有の辛味の正体はアルゼンフォイルという化合物で、シニグリンと呼ばれる配糖体として細胞内に存在する。配糖体のままではピリッともこないが、細胞が破壊された途端、そこに眠っていたミロシナーゼという酵素が働き始め、配糖体が分解されるにつれてツーンと鼻にくる辛い山葵になるのである。

だから思い切り辛い卸し山葵が欲しいときは徹底的に細胞を破壊しなければならない。それには浅田特製のコロザメの、黒い背皮を貼った卸板が一番。同じ鮫皮でも見た目はきれいな白い腹皮のそれは、私にいわせればボツだ。

取り寄せガイド

浅田わさび店

〒410-3205
静岡県伊豆市市山785-1
営 8:30〜17:00
休 不定休
☎0558・85・1545
FAX 0558・85・1540

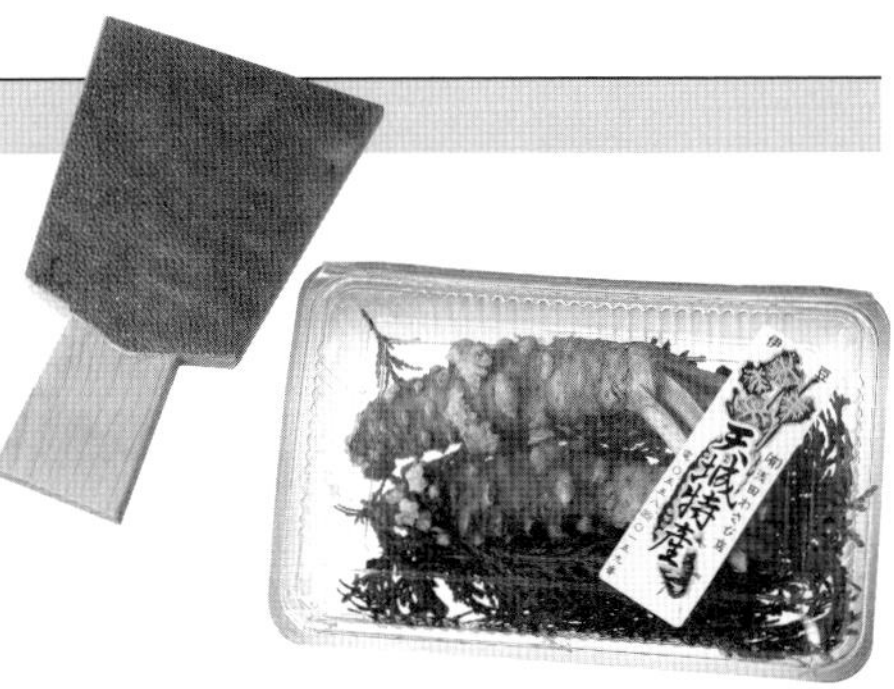

⬆取り寄せは、生山葵と「鮫皮卸板」とのセットがおすすめ。

◉東京都・南麻布／エノテカ

白ワイン

×月×日
午後から銀座へ出て、白のワインを注文し、
届けてもらうようにしてからヘラルドの試写室で
「さよなら夏のリセ」というフランスの青春物を観る。
数年前にフランスへ行ったとき、ロワール河周辺の城めぐりをしたが、
そのときのアンボワーズの城下町や
シュノンソーの城が映画の舞台になっているので、
一入《ひとしお》なつかしく……
『池波正太郎の銀座日記』より

⬅写真右は「サンセール・ロック・ド・ラベイ2007／モレ・モードリー」。クリーンなレモンやメロンの香りが漂う華やかな味わいのワイン。写真左は、ライムやグレープフルーツ、アプリコットなどフルーティーな香りの「プイィ・フュイッセ2007／ドメーヌ・パケ」。２種類とも在庫僅少の品。各2940円。

Domaine Paquet
PRODUCT OF FRANCE
GRAND VIN DE BOURGOGNE
POUILLY-FUISSÉ
WHITE BURGUNDY WINE
2005
Mise en bouteille par
2007
Mise au Domaine
Sancerre
Roc de l'Abbaye
MOLLET

◉東京都・南麻布／エノテカ　白ワイン

池波正太郎の鞄持ちとして年一回、合計四回のフランス周遊を体験した。いまや夢としか思えない遠い昔の大名旅行だ。

ロワール河一帯の古城巡りをしたのは二度目の旅のときだったろうか。シャンボール城、ブロワ城、アンボワーズ城、シュノンソー城、シノン城……あんまり色々な城を見過ぎて、どの城がどんなふうだったか、もう記憶がごちゃ混ぜになってしまっている。

それでいて毎晩どこの宿で何を食べ、何を飲んだかだけはいまでも思い出すことができる。「では先生、おやすみなさい」と池波正太郎を部屋へ送った後、自分の部屋へ戻って、必至に睡魔と戦いながら書いた食日記が残っているからである。

旅の道中、その日の夕方、ホテルへ到着すると三太夫（即ち鞄持ちの私のこと）が晩飯までにすることは何か。

一、まずチェックインの手続き。
二、殿様の部屋の設備確認。
三、自分の部屋（むろん運転手兼カメラマンと同室）で、大急ぎでシャワー。
四、ラ・カルト（メニュー）を借りてくる。
五、辞引き片手に、四苦八苦しつつメニューを全訳する。
六、ネクタイをしめて正装する。
七、ロビーで殿様と落ち合い、それぞれ食べるものを決める。
八、決まった晩餐のメニューをメモ用紙に書き並べる。
九、食堂で席につき、給仕長にフランス語のメモを渡す。
十、何はともあれ、殿様用に「まず水を」と頼む。

毎晩、判で押したように右の手順は同じである。メモを受け取った給仕長が驚いて目を丸くし、「かしこまりました」とニッコリするのも毎回同じだった。

　料理はそれでいいとして、ワインはどうするかというと、これはお前にまかせると前以《まえもっ》て殿様にいわれていたから、いつも私が勝手に選んだ。金に糸目をつけない大名旅行だから、ワイン選びは気楽なものだ。

　一本目は白、二本目は赤というのが食卓の常識とされているが、池波正太郎は赤ワインが好きではなかった。従って毎晩もっぱら白ということになる。

　どうせ白ワインを二本飲むなら一本はシャンパンにしようと私は決めた。本来は赤ワイン党の三太夫だが、赤の代わりに極上のシャンパンなら殿様もご満悦、私も大満足でめでたし、めでたし。

　シャンパンはアペリティフによし、魚によし、肉にもよしの万能の美酒である。しかもシャンパンにしかない効用がある。注文した途端にソムリエの態度が一変して特別の上得意様待遇になるのだ。それこそ「手のひらを返したように……」である。

　白ワインではマーコン地域の代表的銘柄プィイ・フュイッセ、ロワール河流域のサンセールなどが亡師のお好みだった。リーズナブルな値段で、味も香りもすっきりしていて、飲み飽きない。

　ところで、日本国内でワインを買うなら、ワインに対するしっかりした見識と保管のノウハウを完備したワイン専門商を選ぶべし。“FOR ALL WINE LOVERS”を標榜する『エノテカ』を私は最も信頼している。

取り寄せガイド

エノテカ・オンライン

〒106-0047　東京都港区南麻布5-14-15
アリスガワ　ウエスト
営 10:00〜18:00
休 無休
払 代金引換、銀行振込、カード決済
0120・81・3634
http://www.enoteca.co.jp/

⬅「プイィ・フュイッセ」(右)と「サンセール」(左)。いずれも2940円。

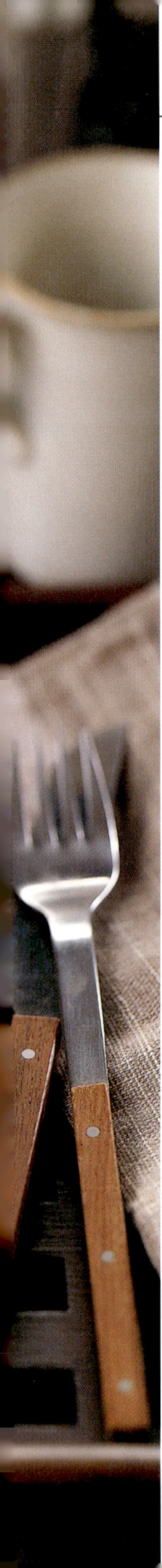

●静岡県・御殿場／二の岡フーヅ

ベーコン

×月×日

ベーコン・エッグとトースト、コーヒーの第一食をすませて外へ飛び出し、ワーナー試写室で、今度、再上映になる〔暗殺の森〕を観る。

この映画を前に観たときは秀作だとおもったが、いま観ると、ベルナルド・ベルトリッチ監督の演出は、まだまだ若く、青かった。

『池波正太郎の銀座日記』より

⬅二の岡フーヅでは国内産の豚肉を使い、香辛料の調合を季節ごとに変えながらすべて手作りされている。合成保存料は一切使われていない。今回紹介したベーコンは、店の伝統の自信作。香り高く、生でも食べることができる。100ｇ420円。１本400〜500ｇで1700〜2100円。

◉静岡県・御殿場／二の岡フーヅ　ベーコン

池波正太郎は小学校を出るとすぐ株式仲買店で働き始めた。最初の店を三カ月で辞めてしまったのは住み込みを嫌ってのこと。住み込みでは大好きな映画を月に二、三回しか観られない。

通勤の店へ移ってからは、おなじみのチャンバラ映画に加えて洋画の面白さに溺《おぼ》れ、あちこちの小さな映画館を回って古い洋画をそれこそ毎夜のごとく観た。

——店を出て須田町でバスを降り、先《ま》ず「万惣《まんそう》」へ入り、ホットケーキを食べ、腹ごしらえをしてから「シネマ・パレス」へ駆け込むというのが、一週間に一度、かならずきまっていた。その他の日は、他の映画館へまわる。——

と、『むかしの味』にある。

毎週一度、「万惣」でホットケーキを食べずにはおさまらなかった池波正太郎は、当時十三歳。この年頃ならホットケーキがうまいというのもわかる。

不思議なのは、晩年に至るまで終生ホットケーキ好きが変わらなかったことだ。私が通いの書生を務めていた十年間に、何度となく一緒に旅をしたが、旅先のホテルでは朝食にホットケーキとカリカリに焼いたベーコン、それにブラックコーヒーというのが定番のようになっていた。

カリカリベーコン添えホットケーキを亡師が目を細めて食べるのを初めて見たときは、仰天した。これは池波正太郎ならではの独創的賞味法だろうか。

もしかしたら少年正太郎が毎晩のように見た西部劇のどこかに、カウボーイが野営地で火を焚《た》き、フライパン一つでパンケーキやべーコンを焼き、それをブリキのマグの薄いコーヒーで胃の腑《ふ》へ流し込む……そんなシーンがあったのではないか。その主人公がゲイリー・クーパーだったら、だれだってまねをしたくなるだろう。

そう考えると、池波正太郎が愛した味を偲《しの》ぶベーコンには、通称アメリカ村の『二の岡フーヅ』のそれがぴったりだ。

遥か昔の話だが、箱根の山道に迷い込んだある外国人が御殿場《ごてんば》の二岡《にのおか》神社で助けられ、そこから見た富士山のあまりの美しさに感動して、ここに別荘を建てた。

やがて二の岡にはアメリカのキリスト教伝道師など多くの外国人の別荘が次々と建ち、いつしか一帯はアメリカ村と呼ばれるようになった。当時、二の岡では西洋式の食材など思いもよらず、彼らは自分たちで養豚組合のようなものを作って自給自足に乗り出した。

このアメリカ村で地場産業を根付かせるべく、養豚技術やハム・ソーセージの食品加工法などを伝授指導した宣教師がいた。その名を「ホールデンさん」という。

昭和初期には本格的なハム類の生産が始まっていたが、戦争の足音が高まり、昭和十一年ホールデン夫妻は日本を離れる。そのときノウハウの一切を託されて、あとを引き継いだのが二の岡フーヅの初代・芹沢正策だった。

以来七十余年、二の岡フーヅは頑なに伝統の技と味を守り続けている。原材料はすべて素性の正しい国産豚肉のみ。混ぜものや合成保存料は一切なく、製法はホールデン直伝そのまま。本当の手作りの味がここにある。

取り寄せガイド

二の岡フーヅ

〒412-0026
静岡県御殿場市東田中1729
営 9:00～18:00
休 火曜、年末年始
払 銀行振込、現金書留（すべて先払い）
☎0550･82･0127
FAX0550･84･1323
http://www.ninookaham.co.jp/home.html

⬆ベーコン（ブロック） 1本約400～500gで1700～2100円が目安。

◉新潟県・魚沼／小島米穀

越後のコシヒカリ

夜は、薄味の出汁で鶏肉・大根・油揚げ・トウフなどを煮て、
冷酒一合半。
友人の佐藤隆介が届けてくれた「コシヒカリ」を炊かせて二杯食べる。
さすがに米が光っている。
むかしは、貧乏暮らしの私の家でも、毎日、光った米を食べていたのだ。
三度の飯がうまかったわけである。
『池波正太郎の銀座日記』より

⬅「魚沼産こしひかり」５kg4500円。米の品質と品位を決める検査員の資格を持つ小島さんが官能試験を行ない、合格したもの。２度に分けて精米しているので、米に熱がかからず米の変質を防ぐことができ、美味しさが増す。

◉新潟県・魚沼／小島米穀

越後のコシヒカリ

越後の片隅にひっそりとある小さな温泉宿に泊まり込み、池波正太郎の聞書きをしたことがある。『男の系譜』というシリーズで、あのときは確か幕末の松平容保《かたもり》の話だった。

その湯宿を選んだ書生としては翌朝、「夜具が清潔で実に気持ちよく眠れたよ。それに、さすがは越後、米の飯がうまいねぇ……」と亡師が三杯もお代わりをするのを見て胸をなでおろしたものだ。

帰路の列車でも駅弁を食べながら「本当に越後は御飯がうまい。こういう米の飯なら、おかずは漬物さえあればいい」

それを聞いてから私は、毎年、新米が出ると荏原《えばら》の池波邸へ届けるようになった。

晩年、池波正太郎は御茶ノ水の「山の上ホテル」の一室をアトリエ代わりの定宿とし、月の半分はそこで暮らしていた。和食堂の親方・近藤文夫がお気に入りで、息子のように可愛がっていた。

ある日の『池波正太郎の銀座日記』に、こうある。

――夕飯は、ホテルの天ぷら［山

の上」へ行く。（中略）ここの天ぷらもうまいが、御飯もうまい。ちょうど、他に客もいなかったので、天ぷらの後で、

「君にはわるいんだが、御飯に醤油をたらして食べたいんだよ」

　いうや、近藤君がニッコリして
「あれは、うまいですからねぇ」

そういってくれた。うまいので三杯も食べてしまう。――

　米そのものがよければ、確かに炊きたての御飯に醤油をたらしてかき込むのはたまらない。これにはやっぱりコシヒカリだろう。それも「魚沼産コシヒカリ」ならいうことはない。

　越の国に光輝くの意で名付けられたというコシヒカリは、いまやうまい米の代名詞だが、その中でも魚沼産コシヒカリの評判が群を抜いている。何故か。

「極上米の生育には肥沃《ひよく》な土地と清冽《せいれつ》な雪どけ水、朝晩の寒暖差が必要だが、そのすべてが揃っているのが魚沼。ことにうちがお届けする塩沢地区のコシヒカリは、土壌が粘土質で栄養分が多く、ミネラルたっぷりの湧水で育ち、その食味は、色、つや、甘み、粘り、硬さ、どれを取っても他所《よそ》とは段違いの〝超〟のつく一級品」

　と、小島康義《やすよし》は胸を張る。大正の頃から米一筋の『小島米穀』の主で、毎年産米の品質・品位を査定する検査員の資格を持つ。この男が選んだ米なら間違いない。

　ところで、せっかく極上の魚沼産コシヒカリを炊くなら、やっぱり自動炊飯器ではなく、伊賀焼の土釜「かまどさん」で炊くべし。炊飯器同様の簡単さで〝究極の米のメシ〟のうまさが味わえる。

取り寄せガイド

小島米穀

〒949-7302
新潟県南魚沼市浦佐5342-50
営 9:00〜17:00
休 日曜
払 郵便振替、代金引換、銀行振込
☎025・777・2043
FAX 025・777・4798
http://www.kojima-b.com

⬅旧塩沢町の「魚沼産こしひかり」。限定米のため値段は毎年相場で多少変わる。

◉埼玉県・寄居／京亭

鮎《あゆ》の甘露煮と一夜干し

私が泊まった旅館「京亭」は、
荒川をへだてて鉢形城址をのぞむ絶好の場所にあった。（中略）
最後に、鮎飯が出た。
これはちかごろ、めずらしい。
むかしは、玉川の岸辺の料亭でよく食べたものだが、
私にとって、戦後はじめての鮎飯だった。
『よい匂いのする一夜』より

⬅奥は京亭名物「鮎の甘露煮」。１尾420円。柔らかい身とさっぱりとした甘みは絶品。下は「鮎の一夜干し」１尾420円。もとは鮎が旬になる６月～７月、宿泊客の朝食に出されていたもの。それが評判を呼び、取り寄せが可能になった。６月～９月のみの限定品。注文を受けてから作るため到着までは少々時間がかかる。

元より薬

◉埼玉県・寄居／京亭　鮎の甘露煮と一夜干し

鮎《あゆ》は、私のささやかな勉強によれば、地球上の他のどこにもいない日本固有の、いわば朱鷺《とき》にも比肩すべき貴重な魚である。

晩秋に海で孵化《ふか》した鮎の赤ん坊は、桜の頃から川を遡上《そじょう》し、六月になると若鮎として川藻《かわも》を食べながらさらに上流をめざす。このときが鮎漁の好季節である。

上流に達した鮎は、九月、産卵のために川を下りはじめ、この時期にまた美味なる卵持ちの「落ち鮎」が人間に狙われる。

十月、ようやく河口へたどりついて川底に産卵すると、そこでわずか一年の一生を終える。それゆえに「年魚《ねんぎょ》」といい、なんともいえない清らかな香気のゆえに若鮎を「香魚《こうぎょ》」とも称える。

魚の塩焼きといえば、何といっても鮎、焼き立てを両手に取ってかぶりつくに限る……と池波正太郎は書いている。『味と映画の歳時記』に、こんなくだりがある。

――その香気、淡泊の味わい、たおやかな姿態。淡い黄色もふくまれている白い腹の美しさを見ていて「ああ……処女を抱きたくなった……」突如、けしからぬことを叫んだ男が、私の友だちの中にいる。――

一応、友だちが叫んだことになっているが、これは実のところ亡師自身の感嘆だったに違いないと私は解している。

とにかく鮎に目がなかった池波正太郎だから、『京亭《きょうてい》』で鮎尽くしのもてなしに堪能したときは、心底ご満悦の態だった。この小さな宿をやっと私が見つけて先生にお伺いを立てたときも、「鮎飯を出すのか。懐かしいねぇ。よし、鮎の時季に行って泊まろう」と鮎のおかげでOKが出たのである。

京亭の鮎尽くしの献立は、まず

鮎の「うるか」に始まる。漢字で潤香《うるか》と書くのは、鮎の内臓を漬け込んだ塩辛で、独特の発酵臭があるからだ。酒飲みにとっては至高の珍味の一つである。

続いて鮎の甘露煮が出る。甘露煮とは鮎、沙魚《はぜ》、鮒《ふな》、鰍《かじか》など主として淡水産の小魚を甘辛く煮つめたもので、中火で気長にじっくり煮込むから、骨まで柔らかくなって丸ごと食べられる。

鮎をたくさんもらったとき、一度自分で甘露煮を作ったことがあるが、京亭のそれのようにうまくはできなかった。くやしいので物の本で勉強すると、「最初に素焼きして二、三日風干しにし、鍋に縦に裂け目を入れた竹皮を敷き、その上に材料を並べ、落《お》とし蓋《ぶた》をして軽い重石をのせ、水と酢を入れてゆっくり水焚きしてのち、醤油、味醂《みりん》、砂糖で味をつけ、じっくり煮詰める」うんぬんとある。

こんな面倒なものとは知らなんだ。以後、自分で造るのはあきらめて、京亭から取り寄せることにしている。京亭の鮎の甘露煮は腹一杯に卵を持った落ち鮎で、甘過ぎず、しょっぱ過ぎずの味加減が絶妙だ。結構冷蔵庫で長持ちするから、これさえあれば、急な酒敵の来襲にもたじろがないで済む。

うるか、甘露煮のあとは、ちょっとした箸休《はしやす》めを挟んで塩焼、最後に待望の鮎飯登場となる。塩焼にも鮎飯にも京亭ならではの風雅な演出があって楽しいが、これは取り寄せ不可能だから、寄居《よりい》の京亭まで足を運んでもらうしかないだろう。ま、とりあえずは甘露煮と一夜干しで、池波正太郎が愛した味を偲《しの》ぶべし。

取り寄せガイド

京亭

〒369-1203
埼玉県大里郡寄居町寄居547
営 11:00〜19:00
休 火曜
払 銀行振込、現金書留、代金引換
☎048・581・0128
FAX048・581・5898

⬆鉢形《はちがた》城址を望む『京亭』。荒川のせせらぎが聞こえる閑静《かんせい》な宿だ。

◉静岡県・駿河／かねいち干物店

興津鯛《おきつだい》の干物

われわれは、江戸時代の創業で、興津の本陣をもつとめた、
この古い宿屋へ泊まることにした。（中略）
江戸時代の、というよりは、戦前の、
それも大正から昭和初期にかけての日本の文明が、
この旅館に息づいている。
夕食には、興津鯛のフグ造りと塩焼。
カニと三つ葉のかき揚げ、などが出て……

『食卓の情景』より

←「興津鯛の干物」は、旬の駿河《するが》湾産の白甘鯛、赤甘鯛を、ミネラルいっぱいの焼き塩と焼津《やいづ》の海洋深層水、カテキンエキスの茶がらを使ったつけ汁につけ、天日干しにした『かねいち』こだわりの品物。小2000円から特大２万円まで幅広い。

◉静岡県・駿河／かねいち干物店　**興津鯛の干物**

気笛一声新橋を……で始まる懐かしの「鉄道唱歌」第十九番は、東海道・興津《おきつ》の名物と名勝をこう歌い上げている。

「世にも名高き興津鯛《おきつだい》　鐘の音ひびく清見寺《せいけんじ》　清水につづく江尻より　ゆけば程なき久能山」

興津鯛はむろん甘鯛のことだ。スズキ目アマダイ科で体形はやや長く、平たく、眼は大きく、頭部外郭は眼の前方でガクンと落ちこみ、独特の顔つきが何ともユーモラスである。

甘鯛が大好物だった亡師・池波正太郎は、その姿を「愛嬌があって絵になる魚だねぇ」と喜び、実際に見事な甘鯛の絵を描《か》き遺《のこ》している。

赤甘鯛・黄甘鯛・白甘鯛（別名白皮）の三種があり、古来、駿河《するが》湾に産する白皮が別格の極上品と珍重されてきた。

ところで、京では「ぐじ」の名で親しまれている甘鯛が、なぜ静岡では興津鯛と呼ばれるようになったのか。

これにはかの家康が一役買っている。晩年は駿府《すんぷ》城から睨《にら》みをきかせていた大御所の、ある昼の膳に甘鯛の生干しが供された。家康公はその美味にいたく感じ入り、

「どこから献じられたものじゃ」

「宿下がりの折りに奥女中の興津の局が持参いたしましたものにござりまする」

「本日より興津鯛と呼ぶべし」

以後、駿河国では甘鯛を興津鯛と呼ぶことになった……と伝えられている。

恐らくは地元の知恵者が考え出したPR用の創作伝説だろうが、なかなかよく出来た話で、神君《しんくん》家

康公命名説には、逆らい難い説得力がある。

いまも〝干物の王様〟とされ、決して安くはない甘鯛。江戸時代には大名か分限者《ぶげんしゃ》しか口にできない超贅沢《ぜいたく》品だったという。

「だからこそ庶民にとっては憧れと羨望《せんぼう》の、いわば幻の美味として興津鯛の名が今日まで語り継がれてきたわけです」と、『かねいち干物店』の仁科良方《にしなよしかた》は胸を張った。

駿河湾から潮風と太陽の味がする干物を直送してくれる『かねいち干物店』の二代目は昭和十八年生まれ。物心つくかつかない頃から父母の干物作りを見て育ち、干物にかけては絶対的な自信と誇りを持っている。

まだ子供の頃、父が「良《よし》！　よくみておけ。甘鯛は広げて大きく見せる魚ではねぇぞ！」と、頭と尻尾をぐっと縮め、折角の大きな魚体を三分の二ほどに小さく、その代わり分厚く波打つ姿に変身させるのを見た。

父が言った。「水分の多い甘鯛はな、こうして縮めることで身がふっくらと盛り上がりプリプリの美味しい干物になるんだ。よく覚えておくんだぞ……」。

その日の記憶が、漬け汁の秘伝や素材の選び方や天日干しの仕方などと共に、知らず知らず仁科良方の脳裏に蓄積し、それが今日の味の基礎となっている。

「新鮮な甘鯛を塩干しにして、ちょっと焦《こが》しめに焼いたものなどは冬の味覚に忘れられないものだ」と、『剣客商売・料理ごよみ』の一節にある。それを書きながら池波正太郎はよだれをたらさんばかりだったに違いない。

取り寄せガイド

かねいち干物店

〒421-0123
静岡市駿河区石部5-10
営 9:00〜17:00
休 不定休
払 代金引換
☎054・259・5647
FAX054・259・5478
http://www.himonoyasan.jp

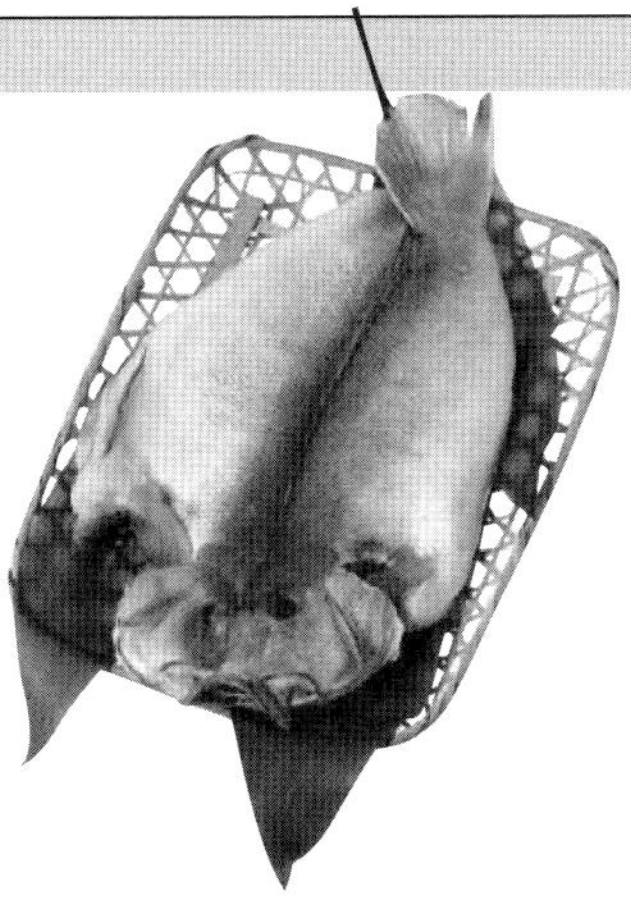

⬅「興津鯛の干物」。漁で獲れたときしか作れないため入手できないときもある。

◉三重県・桑名／柿安本店

柿安牛《かきやすぎゅう》ステーキ肉

桑名には「柿安」という伊勢肉で有名な店がある。
そこの肉でビーフ・ステーキを焼いて、
「船津屋」が出してくれた。
それをたっぷりと食べ、稽古場にのぞんだわけだが……。
『食卓の情景』より

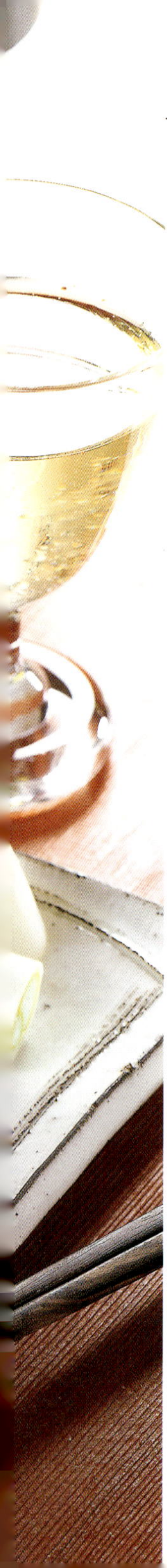

⬅「柿安牛」は松阪牛と同じ但馬《たじま》系の黒毛和牛の中から、130年の研究から得られた柿安ならではの独自の方法で、目利きの職人が選別した子牛を、安全な飼料を与えながら２年半かけてじっくり育てたブランド牛。取り寄せられるステーキ肉は、サーロイン４枚、計800ｇで２万1000円。

◉三重県・桑名／柿安本店　柿安牛ステーキ肉

食べものの味と濡れ場が書けなければ一人前の小説家とはいえない——これが亡師・池波正太郎の持論だった。

確かに池波正太郎は食べものの描写については名人芸ともいうべき技を誇っていた。特別のご馳走《ちそう》ではないのに、池波正太郎が書くと、何でも実にうまそうで、読者は思わず生つばを飲み込むことになる。『鬼平犯科帳』や『仕掛人・藤枝梅安』や『剣客商売』の人気の秘密の一つはここにある。

牛肉について『食卓の情景』の中で書いた一文は、よだれの出る描写の白眉《はくび》だろう。

——牛肉が、はこばれてきた。

赤い肉の色に、うすく靄《もや》がかかっている。鮮烈な松阪牛の赤い色とはちがう。

松阪の牛肉が丹精をこめて飼育された処女なら、こちらの伊賀牛はこってりとあぶらが乗った年増女である。

牛の脂身とバターとで、まず「バター焼」を食べた。（中略）

もちろん、これではすまない。

バター焼のあとで「すき焼」をやらなくてはならぬ。——

これを読んだら、どうしてもすぐさま伊賀上野へ駆けつけて、まずバター焼をやり、そのあとですき焼をやらなくてはならぬという気になる。

ちなみに、「松阪牛は処女。伊賀牛は年増女」うんぬんは、あくまで池波正太郎一流の比喩的表現であって、誤解のないように蛇足を加えておくが、松阪牛のみならず、伊賀牛であれ、神戸牛や近江《おうみ》牛《ぎゅう》であれ、ちゃんとした黒毛和種の銘柄牛は、すべて四歳前後の処女牛である。

亡師が「船津屋《ふなつや》」で食べた伊賀牛のビーフ・ステーキも、当然、正真正銘の処女牛であったはずだ。船津屋は元来旅館で、明治の文豪泉鏡花が名作『歌行灯《うたあんどん》』を書いた宿として知られていたが、いまは桑名随一の高級料亭となっている。

古くから七里の渡しの船着きに本陣として諸大名の御用を承ってきたという船津屋が、その面子《メンツ》にかけて客に出す牛肉となれば、これは絶対に同じ地元の名店『柿《かき》安《やす》』から取り寄せる伊勢肉以外にあり得ない。

肉屋で柿安という屋号はいささか風変わりだが、初代の赤塚安次《やすじ》郎《ろう》がもともと柿などの果樹園を営んでいて、柿安の愛称で親しまれていたので、それをそのまま屋号にしたそうな。創業は明治四年。すでに百四十年近い歴史を持つ老舗である。

池波正太郎が「桑名には［柿安］という伊勢肉で有名な店がある」と書いたのは、特別注文で焼かせた分厚いビフテキが松阪牛か、それとも柿安自慢のその名も柿安牛だったのか、判別し難かったからだろう。

柿安の牛肉には、松阪牛と柿安牛の二種類がある。「肉の芸術」といわれる松阪牛についてはいまさら説明無用だと思うが、柿安牛のほうはまだ知る人が少ないかもしれない。

柿安牛は、柿安自身が高い志と技術を持つ生産農家と手を組み、柿安ならではの味と品質を共同で追求した、いわば柿安オリジナルブランドに他ならない。創業以来の信条である、

「美味しいものをお値打ちに」

が柿安牛によって見事に実践されたといってよいだろう。

取り寄せガイド

柿安本店

〒511-8555
三重県桑名市吉之丸８番地
営 10:00～19:00　休 無休
払 銀行振込、コンビニ振込、
カード決済、代金引換
※注文はインターネットのみ。
☎0594・22・5554
http://kakiyasushop.com

⬆“Sir”の称号が与えられた高級牛肉にふわしい柿安牛のサーロイン。

◉京都府・上京／萬亀楼

ぶぶづれ

古い京の町が、そのまま闇の中に息づいていて、
細い道には車も人も通らず、人声も絶えてしまう。
そこに私は、
むかしの江戸の町の夜の姿を感じることができる。
料亭「万亀楼」も、こうした町の一角にある。
『食卓の情景』より

⬅刻んだ昆布とちりめん雑魚《じゃこ》、きゃら蕗《ぶき》、実山《みざん》椒《しょう》を長時間かけて炊き上げた「ぶぶづれ」は、ご飯の供に酒肴《しゅこう》に最適。食べると、旨みとともに、きゃら蕗の程好《ほどよ》いえぐみと実山椒の豊かな風味が楽しめる。１袋150ｇで1050円～。

◉京都府・上京／萬亀楼　ぶぶづれ

——時代小説というものは、いうまでもなく何百年もむかしの時代に生きていた人びとを描くわけだから、平安・鎌倉の時代はもとより、戦国のころから江戸時代におよぶ日本の文化風俗を、およばずながらもさぐり採るために京都という町は欠くべからざるものなのだ。——

と、『食卓の情景』の一節に亡師は書いている。

池波正太郎が足繁く京都通いをしたのは、要するに京の町に「江戸」を見るためだった。

⬆➡京都西陣の一角にある『萬亀楼』。各部屋には四季折々の茶花が飾られており、実に風雅。有職《ゆうそく》料理は3万6225円から楽しめる。

京へは何度も一緒に旅をした。定宿は「京都ホテル」だったが、むろん、超高層ビルに生まれ変わった現在の京都ホテルではない。チェックインをして旅装を解くと、晩飯まで散歩に出ようということになる。

池波正太郎が好んで歩き回るのは、およそ観光客とは無縁の上京《かみぎょう》や中京《なかぎょう》の町家が密集するあたりと決まっていた。

東京では消滅してしまった江戸の名残を、池波正太郎は京の町に求め歩いた。西陣界隈が好きだった。その西陣の旦那衆のために二百九十年前から京料理を商ってきたのが『萬亀楼《まんかめろう》』である。

京料理といっても今様《いまよう》の京料理とは格が違う。朝廷の節会《せちえ》などに供された雅《みやび》やかな「有職《ゆうそく》料理・生《い》間《ま》流」を継承し、その伝統を踏まえて現代風に昇華した京料理「式庖丁」という儀式も前以《まえもっ》て予約すれば鑑賞することができる。いまや式庖丁は京都では萬亀楼のみと聞いた。

亡師はここで生間流二十九代目の家元・生間正保《いかままさやす》の式庖丁を見た日の感動を『食卓の情景』に熱っぽく書いている。残念ながらついに一度も萬亀楼へはお供をさせてもらえなかった。「お前にはまだ十年早い」と。

せめては萬亀楼の「ぶぶづれ」を肴《さかな》に越後吟醸を酌むのが貧乏書生の贅沢《ぜいたく》である。ぶぶづれとは、刻んだ昆布、ちりめん雑魚《じゃこ》、きゃら蕗《ぶき》、実山椒《みざんしょう》をじっくり時間をかけて炊き上げた佃煮《つくだに》。これだけで五合は飲める。飲んだ後はこれで茶漬。どうしても お代わりで飯を食い過ぎるのが困る。

取り寄せガイド

萬亀楼

〒602-8118
京都市上京区猪熊通出水上ル
営 12:00～22:00
休 不定休
払 代金引換
☎075・441・5020
FAX075・451・8271
http://www.mankamerou.com

←『萬亀楼』の「ぶぶづれ」(中) 2100円。ほかに小と大がある。

◉京都府・中京／イノダコーヒ

アラビアの真珠

私も京都へ行くたびに、
かならず一度はイノダへ立ち寄る。
「一日に一度は、コーヒーをのまなくてはいられない……」
というほどではない私を、
何故、イノダはひきつけるのだろう。
『むかしの味』より

⬅「アラビアの真珠」400ｇで1940円。モカコーヒーをベースに香り、コク、酸味のバランスのよい深《ふか》煎《い》りブレンド。創業時からこのブレンドが店の顔として親しまれている。

INODA
MICROWAVE
SERVER
02
HARIO
Le rituel du café

◉京都府・中京／イノダコーヒ

アラビアの真珠

池波正太郎は珈琲《コーヒー》党か、紅茶党かといえば、はっきりと珈琲党だった。

「一日に一度は、コーヒーをのまなくてはいられない……というほどではない」と、ご当人はエッセイに書いているが、私の見る限り、どうしてどうして珈琲にはかなりうるさいほうだった。

　面白いのは、店によって飲む珈琲を決めていたことである。

　浅草の「アンヂェラス」では、水出しのダッチ・コーヒー。

　新橋の「オガワケン・カフェ」では、エスプレッソ。

　そして京都の『イノダコーヒ』ではつねにミルクコーヒー「アラビアの真珠」。

　晩年、駿河台《するがだい》の「山の上ホテル」を自分の別荘代わりにアトリエとして使っていた亡師は、何日か滞在している間、毎日ポットで珈琲を部屋へ運ばせていた。

　そして荏原《えばら》へ帰宅するときにはホテルからすぐ近くの「古瀬戸《こせと》珈琲店」で、ブレンドを挽《ひ》いてもらい、二百グラム買って帰るのが習慣になっていた。

　フランスを旅している間も、朝は必ずカフェオレだったし、晩餐のしめくくりも決まって珈琲だった。そもそも池波正太郎が紅茶を飲むところを見た記憶がない。

　国内の旅先でもよく一緒に喫茶店へ入ったが、亡師の注文はいつでも珈琲で、その店の味がいまひとつというときは、やおらバッグからウイスキー入りの銀製フラスコを取り出し、珈琲にウイスキーを浮かせる——これが池波流だった。

　イノダコーヒについては、

――格別に特殊な味わいがするのではない。しかし理屈なしに旨い。いつ来ても、この店のコーヒーは旨い。（中略）［イノダ］のコーヒー豆の仕入れ、その挽《ひ》き方、いれ方、出し方……これが、いまや一つの伝統となってしまっている感じがする。――と、『むかしの味』に書いている。心底イノダの味と雰囲気に惚《ほ》れ込んでいた。

取り寄せガイド

イノダコーヒ発送センター

〒604-8118
京都市中京区堺町通三条下ル道祐町146番地
営 9:00〜19:00
休 無休
払 初回のみ代金引換
☎075・254・2488
FAX 0120・86・0507
http://www.inoda-coffee.co.jp

⬆『イノダコーヒ』本店の外観。町屋風の建物と、モダンな看板が目印。

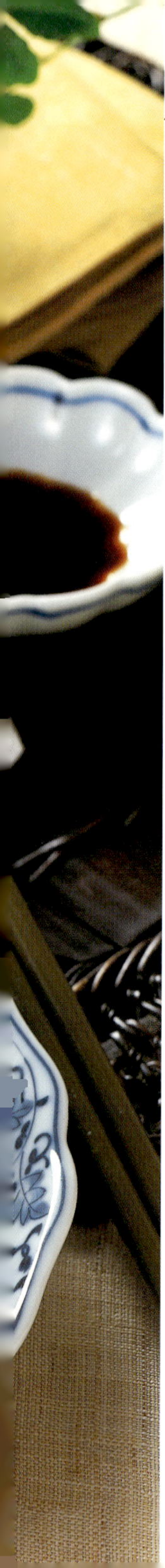

◉大阪府・曽根崎／阿み彦

焼売《シューマイ》

「丸治」を出てから、私は、
ふと思いついて、二人をさそい、
お初天神の玉垣ぎわにある「阿み彦」へ行った。（中略）
ずいぶんと長い間、ここで商売をしていて、
むかしは、焼売一点張りの店であった。
『食卓の情景』より

⬅いまや曽根崎名物といわれている「焼き焼売」。一度蒸した焼売を生ラードで焼いて食べる焼き焼売は、口に入れカリッとした皮を噛むと、熱々の肉汁《にくじゅう》が溢《あふ》れ出る。１人前８個入りで609円。お店で食べるときには、豚の脊椎《せきつい》だけで出汁をとった白濁スープが付く。さっぱりとしていながらコクがある。

◉大阪府・曽根崎／阿み彦　焼売

時代小説が本業となる前の池波正太郎は、もっぱら新国劇の座付き作者として脚本を書き、演出もしていた。大阪新歌舞伎座の公演では半月から一カ月も役者たちと共に大阪に滞在したわけで、お気に入りの食いもの屋があちこちにあった。

その「池波正太郎御用達」が、いまどうなっているか。亡師が愛した店の大半はすでになく、未だに健在なのはかやく飯の「大黒」と、焼売《シューマイ》の『阿《あ》み彦《ひこ》』の二軒のみである。

大阪へは何回か旅のお供をした。一度は『真田太平記』を書くための九度山《くどやま》への取材帰路。

歩き疲れて大阪へ帰る電車で、亡師はハンカチを取り出して顔にすっぽりとかけ、その上から眼鏡をかけた。有名人だから顔を人に見られるのを嫌ったのだろう。あれは、いま思い出しても笑える情景だった。

大阪へ帰ったその晩、御堂筋《みどうすじ》の有名なすきやき屋で仲居の態度に腹を立て、宿へ戻る途中で見つけた屋台のうどん屋で「これだよ、これが大阪の味だよ」と、機嫌をなおした池波正太郎だった。確かにあの屋台のきつねうどんはうまかった。

下町庶民の味を愛してやまぬ池波正太郎にとっては、大阪で見つけた『阿み彦』は何度通っても飽きない大事な店だっただろう。

——豚肉、ねぎ、しいたけを皮に包んでむしあげた小さなシューマイを、客の前で熱いフライパンで炒りつけ、からしじょうゆで食べさせる。これに豚の背骨からとった白いスープがついて、たしか、ずっとむかしは一人前五十円ではなかったか。——

と、『食卓の情景』にある。

オリジナル焼売を名乗るだけあって、ここの焼売はユニークである。焼売というより、見た目にはむしろ餃子《ギョーザ》に近い。

亡師は横浜中華街の一隅にある「清風楼《せいふうろう》」の焼売が大好きで、横浜へ行けば必ずみやげに買って帰ったが、ここの焼売はもちろん正統派の蒸して食べる焼売。焼き目はついていない。

阿み彦は「お初天神」の境内にある。もともとは明治九年創業という古い鰻屋《うなぎや》からのれん分けして生まれた鮨屋だった。

終戦後、米が統制でなかなか手に入らなくなり、昭和二十一年に焼売屋に転じたと聞く。

この店に四十余年働いているという老職人・松本正規《まさのり》がいうには、

「もとが鮨屋だからね。うちの焼売をよく見れば、ちゃんと握りの恰好《かっこう》をしてるだろ」

そういわれてしげしげと眺めれば確かに握り鮨の形に見えないこともない。さすがにこのご時世、一人前五十円というわけには参らぬが、「とんこつスープ付き、オリジナル焼売八個六百九円」である。バカ安といって然《しか》るべし。

焼売はむろんうまいが、とんこつスープが目茶苦茶うまい。私は大体、白濁したとんこつスープが苦手なのだが、阿み彦のこれは文句なしにうまい。どうしても、これだけお代わりしたくなる。

「他所《よそ》はゲンコツ（膝関節）でスープをとるから臭みがあるが、うちは背骨だけ。だから臭みがなくて味がすっきりしているだろ」

と、阿み彦の主ともいえる老職人は胸を張った。無条件に脱帽である。

取り寄せガイド

阿み彦　梅田店

〒530-0057
大阪市北区曽根崎2-5-20お初天神ビル１階
営 11:00〜21:30（日曜・祝日〜20:30）
休 無休
払 代金引換
☎&FAX 06・6311・8194
http://www.ohatendori.com/shop/5/amihiko/main.html

⬅『阿み彦』の焼売。8個入りで609円。送料は一律1500円。

◉大阪府・松原／ツムラ本店

河内鴨《かわちがも》

夜ふけて帰ると、たのんでおいた合鴨がとどいたというので、
これを薄く削ぎ身にし、雉子焼きにして、
丼の熱い飯へたれと共にのせて食べる。
それから仕事。
明け方四時に終り、千枚漬で、ウイスキーのオンザロック二杯。
ぐっすりとねむる。
『食卓の情景』より

←ツムラ本店では、安心安全だけでなく、日本人の味覚にあった、脂がほどほどの肉質を目指している。「河内鴨ロース」１枚約500ｇ2630円。焼き肉や鍋物用に、家庭で簡単に料理ができるスライス500ｇ2630円もある。どちらも500ｇ以上から発送が可能だ。

◉大阪府・松原／ツムラ本店　河内鴨

冬の気配を感じる頃になると、蕎麦屋の品書きに「鴨南蛮《かもなんばん》はじめました」が目につく。見たら最後（よし、きょうは鴨南蛮だ……）ということになる。冬の味覚の第一位に推してもいいと思うほど私は鴨が好物だ。これは池波正太郎に感化されたのである。

初めて鴨のうまさに開眼《かいげん》したのは亡師の大阪への旅で鞄持ちを務めたときのことだった。こんなにうまいものが世の中にあったのかと夢中で鴨しゃぶを貪《むさぼ》る書生に、池波正太郎は呆《あき》れたような顔をしながら教えてくれた。

「鴨はね、古くからこの大阪の特産だったんだよ。豊臣秀吉が飼育を奨励したことから河内《かわち》の湿地帯で盛んに飼われるようになったと聞いている。鴨といってもむろん合鴨だな。往時、天神祭に鴨のすきやきを食べる風習は、江戸の土用丑《うし》の日の鰻《うなぎ》と同様にすっかり大阪人には定着していたそうだよ」

「……………」

「なんでも昭和四十年頃までは、全国生産の九割にあたる三十万羽もの合鴨が大阪で飼育されていたというから、鴨の本場は大阪といっていいだろうな」

以来、私は鴨狂になったというわけだ。正確には合鴨狂か。例年霜月《しもつき》（十一月）半ばに解禁になる野生の青首（真鴨の雄）もいいに決まっているが、これは貧乏書生には高嶺の花。私には合鴨だ。飼育法の進歩で近頃の合鴨には天然の青首に勝るとも劣らないものもある。

鮮烈な深紅色の肉に真っ白な脂身の縁どりがある鴨肉を俗に「抱き身」という。さっと焼き、大根おろしと生醤油《きじょうゆ》、それに一味《いちみ》で味わうシンプルな食べ方が一番だと思うが、もちろん鴨鍋（すきやきもよし、しゃぶしゃぶもよし）、鴨雑炊、鴨の吸物、酒醤油で味つけして焼く雉子《きじや》焼き……どうやって食べてもうまい。

　鬼平先生は初日は雉子焼き丼をやり、翌日は鴨すき、三日目には第一食に合鴨の親子丼……と『食卓の情景』に書いている。

　鴨飯というのもあって、鴨に目がなかった池波正太郎が『剣客商売』の一篇に登場させている。

――酒のあとは「鴨飯」である。これは、おはるが得意な料理で、鴨の肉を卸し、脂皮を煎じ、その湯で飯を炊き、鴨肉をこそげて叩き、酒と醤油で味をつけ、これを熱い飯にかけ、きざんだ芹《せり》をふりかけて出す。

　それまで黙然としていた孫介《まごすけ》老人も、この鴨飯には思わず舌つづみを打ち、「かようなものがこの世にござったのか……」おどろきの声を発したのである。――

　さて、どんな鴨料理をやるにしても、鴨がよくなければ話にならない……となれば「河内鴨」を本場大阪から取り寄せるに限る。私はこれを大阪在住の食道楽ライターから教わった。

　大阪は松原市に明治時代から続く鴨屋『ツムラ本店』が、孵化《ふか》から七十五日間の飼育まで一貫して手塩にかけた合鴨、それが河内鴨だ。

　抗生物質を使わず、広々とした鳥舎《ちょうしゃ》で健康第一に育て上げた鴨だから、刺身で食べてもいいくらいの安心感があり、私がいままであちこちから取り寄せた鴨の中でそのうまさは抜群である。

取り寄せガイド

ツムラ本店

〒580-0005
大阪府松原市別所8-10-24
営 9:00〜17:00
休 日曜
払 代金引換
☎072・334・1111
FAX072・331・8731
http://www.aigamo.biz

⬅「河内鴨ロース」（スライス）は500g2630円。1kg5250円。

◉滋賀県・八日市／招福楼

鰻《うなぎ》の山椒煮《さんしょうに》・紅梅煮

そのころ書いていた忍びの者が主人公の小説の舞台に八日市をつかおうとおもい、出かけたわけだが、一つには、八日市の［招福楼］の料理を食べてみたかったのである。（中略）

趣向がすばらしい。

これで、料理そのものがまずいのだったら、その趣向も演出も厭味《いやみ》に見えるばかりとなろうが……

『食卓の情景』より

⬅手前から時計回りに、「鰻の山椒煮」「梅ちりめん」「鰻の紅梅煮」「山里煮」。いずれも自由に詰め合わせができる。国産の素材を使い、無添加で作られている。「鰻の山椒煮」はもとはコース料理の一部で、なじみの顧客だけに分けていたもの。240ｇ4200円～。

◉滋賀県・八日市／招福楼　鰻の山椒煮・紅梅煮

　滋賀県の八日市といえば、米原《まいばら》と大津のちょうど真ん中あたり。西方二里に琵琶湖が広がり、町の近くには織田信長が築いた幻の安土城跡があり、近江《おうみ》の名家・佐々木氏（六角氏）の居城があった観《かん》音寺《のんじ》山があり、蒲生《がもう》の山を南へ越えれば忍者の里の甲賀……というわけで、時代小説を書く池波正太郎にとっては、この一帯は何度となく歩き回った旧知の土地だ。

　この八日市に天下の名亭『招福《しょうふく》楼《ろう》』はある。亡師はよほど招福楼のもてなしに感動したと見え、ある夏ここに一泊（当時の招福楼は旅館でもあった）酒飯したときの詳細な記録を『食卓の情景』に書《か》き遺《のこ》している。

――［前菜］雲丹《うに》とろろ、蓴菜《じゅんさい》、すり柚《ゆ》（黒うるし塗りの小箱の中へ氷を盛り、その中のガラス器に入っている）。［吸物］焼茄子《やきなす》に、はもの葛《くず》たたき。［造り］鯛《たい》のへぎ造り（銀盆へかき氷を饅頭《まんじゅう》型に盛り、その中に鯛が入っている）。つぎに、黒塗りの高杯《たかつき》へ盛った、はもと甘鯛《ぐじ》の千巻《ちまき》ずし。――

　といった具合で、池波正太郎がここまで細かく料理一品ごとの趣向を書いているのは滅多にないことだ。続いて［八寸］は鮭《さけ》のいぶし、焼麩《やきふ》にカマンベールを挟んだもの、山桃の実。［焼物］は鮎《あゆ》。さらに穴子の［煮物］が出た後に［御飯］は鰻茶漬《うなちゃづけ》で、最後に果物が出て献立は完結する。

　ついに一度も招福楼へのお供は叶わなかったが、池波正太郎がいうには、

「もとは八日市の花街として知られた延命新地のお茶屋でね。当主が料理を好み、茶人としての感覚

をもって修行を積み、その集大成として独創的な招福懐石ともいうべきものを編み出したわけだ。

　この招福楼が素晴らしいのは、料理だけでなくすべてのものに日本古来の、洗練を極めた美的感覚がみなぎっていることだね。これはいまどきの日本で、実に貴重なことだと思う」

　挙句の果てに、

「安いものを何度も食べる金を貯めておいて、自前で一度は招福楼の客になってみることだな。男を磨くとはそういうことだ」

　とトドメを刺されたものだ。やんぬるかな。

　白状するが私はまだ招福楼の門をくぐったことがない。せめてもの鬱憤《うっぷん》晴らしに名物・鰻《うなぎ》の山椒煮《さんしょうに》を取り寄せて、鰻茶漬で酒宴をしめくくるのが関の山だ。

　招福楼の鰻の山椒煮は、鰻を酒と醤油、実山椒でじっくり煮込んだものである。

　同じようなものは京大阪の高名な料亭なども出しているが、招福楼のそれは別格のうまさで、結局、鰻そのものの質が違うだけでなく、煮込むための酒も醤油も実山椒も、素材の吟味の仕方が違うのだろう。

　そのままを酒の肴《さかな》にしても悪くないが、これはやっぱり茶漬用である。

　温かいご飯に三、四切れをのせてお茶をかけるだけの簡単さだが、味わうほどにうまくてたまらず、身動きもならぬほど満腹でも、ついもう一膳となる。

　ちなみに、かけるお茶は私の場合、煎茶ではなく「加賀棒茶」と決めている。要するに焙《ほう》じ茶だが、なぜかこれが一番鰻と相性がいい。

取り寄せガイド

招福楼

〒527-0012
滋賀県東近江市八日市本町8-11
営 12:00〜15:00、16:00〜22:00
休 第１・第３・第５月曜
払 郵便振替、代金引換、銀行振込（先払い）
☎0748・22・0003
FAX0748・23・3154
http://www.shofukuro.jp

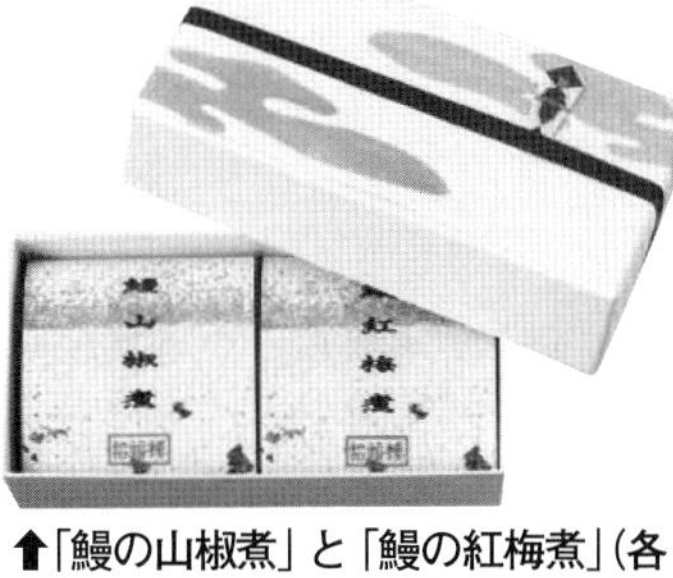

⬆「鰻の山椒煮」と「鰻の紅梅煮」（各120ｇ）の箱入りセット4515円。

◉大阪府・河内／**桃林堂**

五智果《ごちか》

ここまで書いたとき、いまは大阪に住んでいる弟が上京して来て、
河内の［桃林堂］の［五智果］と、
リキュール入りの十種類のゼリー菓子［桃のしずく］を、
みやげにわが家へあらわれた。
［五智果］は、野菜と果物の砂糖漬で、
野趣と洗練が渾然と溶け合ったユニークな菓子であり……
『食卓の情景』より

←「五智果」は旬の野菜と果物を使用。桃林堂《とうりんどう》の本社がある陌草園《はくそうえん》から湧き出る井戸水で素材をゆがいたあと、自然の風味を損なわないよう、じっくりと時間をかけ、薄い蜜を染み込ませていく。全15種類が楽しめる赤、黄、緑箱の詰合わせ2625円～。

◉大阪府・河内／桃林堂　五智果

　昭和初期、池波正太郎が小学生だった頃、くじ引きで当たるともらえるあんこ玉という駄菓子があった。それが当たると正太郎少年はどうしたか。

「家へ持ち帰り、母の眼をかすめて生玉子の黄身を一つ、うどん粉の中へ割り入れ、水でかきまわしたやつを、フライパンにゴマ油をたっぷりとながしたのへながしこみ、これがふわふわと焼けてきたところへ、あんこ玉の三分の一ほどを細長く置き、くるくると巻いて皿へとり、熱いうちに黒蜜をかけて食べたものだ」

と、『食卓の情景』にある。どうやら生来の甘党だったようだ。

　池波正太郎の甘いもの好きは死ぬまで変わらなかった。ことに酒を飲んだ後は必ず甘いものを欲しがり、蕎麦屋でいいご機嫌になると、その足で汁粉《しるこ》屋へ直行せずには納まらぬ亡師だった。

　仕事場の大きな机の端には、何十本もの万年筆と並んで、つねに何かしら甘いものがこっそりと置かれていた。

　うっかりそれに目をやると、たちまち「きみも食べろよ」と勧められ、断れば不機嫌になることがわかっているので、私は決して菓子には目をやらないように用心したものだ。

　机上の常連の一つは『桃林堂《とうりんどう》』の「五智果《ごちか》」だった。もう四十年も前になるが、私は八尾《やお》の桃林堂本社を取材したことがあり、そのとき初めてこの風雅な菓子を知った。

　五智果は、大正十四年（一九二五）創業という桃林堂を代表する名物菓子である。野菜がそのまま菓子になっているところが何ともユニークだ。いまでこそ都市化の波に呑まれてすっかり住宅地になってしまった河内《かわち》平野だが、かつては肥沃《ひよく》な畑地。そこに産する野菜を保存食として菓子にできないものか……と、現当主の伯父にあたる人が六十年ほど前に考案したものだそうである。

甘い衣をまとっているから確かに菓子の仲間には違いないが、果たしてこれを菓子といっていいものかどうか……というのも、口にすれば蓮根は蓮根、人参《にんじん》は人参、椎茸《しいたけ》は椎茸、まさに素材そのままの味と香りだからである。

蕗《ふき》の青、蓮根の白、人参の赤、金柑《きんかん》の黄、無花果《いちじく》の黒、この五色から五つの智恵を象徴する五智如《ごちにょ》来《らい》に因《ちな》んで五智果と命名されたと聞く。たまに五智果を食べると決まって亡師の書斎が目に浮かぶ。

⬅『桃林堂』の本店。隣接した庭園「陌草園」では四季ごとの草花が楽しめる。特に秋の菊花展は見事だ。

取り寄せガイド

桃林堂

〒581-0013
大阪府八尾市山本町南8-19-1
営 9:00〜18:00
休 1月1日
払 代金引換、銀行振込（先払い）
☎072・923・0003
FAX 072・922・0523
http://www.torindo.co.jp

⬆全15種類が楽しめる「五智果」の詰め合わせ。赤、黄、緑箱とも各70g入り。

◉香川県・高松／川福

讃岐《さぬき》生うどん

夜食は、四国・高松の「川福うどん」で、パックになっているのだが、さすがにうまい。（中略）

夜半、書庫から「モンテーニュ随想録」を二冊ほど出してきて、久しぶりに読む。

モンテーニュは、いつ読んでも、男らしくていいねえ。

『池波正太郎の銀座日記』より

←『川福《かわふく》』は昭和25年に琴平《ことひら》町で創業した。ここで紹介した讃岐生うどん「高松小町」は、専用の小麦粉を使用。手もみと足踏みにこだわって作られている。麺は幅4㎜で、讃岐うどんにしては細めだが、それは、喉越《のどご》しを追求した結果。滑らかでもちもちとした食感が楽しめる。濃縮タイプのつゆ付きで８食入り2100円。

◉香川県・高松／川福　讃岐生うどん

池波正太郎の蕎麦好きはよく知られている。

『鬼平犯科帳』に一番よく出てくる店は間違いなく蕎麦屋だろうし、池波正太郎イコール蕎麦党という図式が読者の間に定着していても不思議はない。

ところが、実際の鬼平先生はむしろ饂飩《うどん》狂といってもいいくらいの饂飩好きだった……と私は思っている。

——数日前から、山の上ホテルへ泊まっている。朝昼兼帯の第一食は、ホテルに近い、蕎麦屋の［M］ですませる。この店は、そばもよいが、うどんが旨い。きょうは、なべやきうどんにする。昨日は柚《ゆ》子《ず》切《き》りそば、一昨日は釜揚げうどんだった。——

と、『池波正太郎の銀座日記』にある。

蕎麦と蕎麦前のよさで名代《なだい》の、［M］へ三日続けて通っても二日は蕎麦でなく饂飩だ。大阪へ旅をしたときは、毎日、饂飩でも飽きないようだった。

しかし、「東京風の醤油色の濃い饂飩よりも、饂飩はやっぱり上方《かみがた》の薄味のおつゆのほうが、ぼくらでもうまいよ」と認めながら、大阪人がよくいう「東京のうどんなんか食えない」に対してはムキになって怒り、「ああいうのを馬鹿の骨頂というんだ！　何にも知らないんだ！」と切り捨てていた。

いかにも池波正太郎らしい。

一本饂飩という奇妙な饂飩の話が『鬼平犯科帳』に出てくる。

——深川・蛤町《はまぐりちょう》にある名刹《めいさつ》［永寿山・海福寺《かいふくじ》］門前の豊島屋という茶屋で出す名物の［一本饂飩］は盗賊改方《あらためがた》の長官・長谷川平蔵

が少年のころから土地《ところ》では知られたもので、「おれが、本所《ほんじょ》・深川で悪さをしていた若いころには、三日にあげず、あの一本うどんを食いに行ったものだ」などと平蔵。むかしをなつかしんで深川見廻りの若い同心たちに語ったこともあった。――

鬼平は池波正太郎の分身で、鬼平の好物は即ち池波正太郎自身の好物。こんな所にも亡師の饂飩好きが顔を出している。

伊豆の温泉宿に数日泊まり込んで集中的に一冊分の聞書きをしたことがあった。

三日目の昼に宿を抜け出し、車で小一時間の猪鍋《ししなべ》屋へ行った。

牡丹《ぼたん》鍋そのものには大満足の池波正太郎だったが、しめくくりの饂飩だけはフニャフニャの腰抜けで、亡師は一口食べた途端に、「こりゃダメだな。饂飩はやはり讃岐《さぬき》に限るねぇ」

しっかりと腰が強く、粘り気があり、噛みごたえがある饂飩が、池波正太郎にとっては〝本物〟だった。なればこそ夜食用に高松の「川福《かわふく》うどん」を愛用していたのだ。たいていは冷たいざるうどんだったが、秋冬は釜揚げで讃岐うどんならではの粉の香りを楽しんでいたようだ。

日本の饂飩発祥地といわれ、日本一の饂飩王国を誇る讃岐では、県民の半数以上の人たちが「ほとんど毎日饂飩を食べる」と聞く。

全県民が厳しい〝饂飩評論家〟という土地柄で饂飩ひとすじに根強い人気と名声を保って行くのは至難のことといってよい。

それをしてのけているのだから、「さすが川福」というべし。

取り寄せガイド

川福

〒760-0048
香川県高松市福田町2-4
営 9:00〜17:00
休 日曜、祝日
払 代金引換、カード決済、コンビニ振込
0120・459・139
FAX 087・851・4780
http://www.kawafuku.co.jp

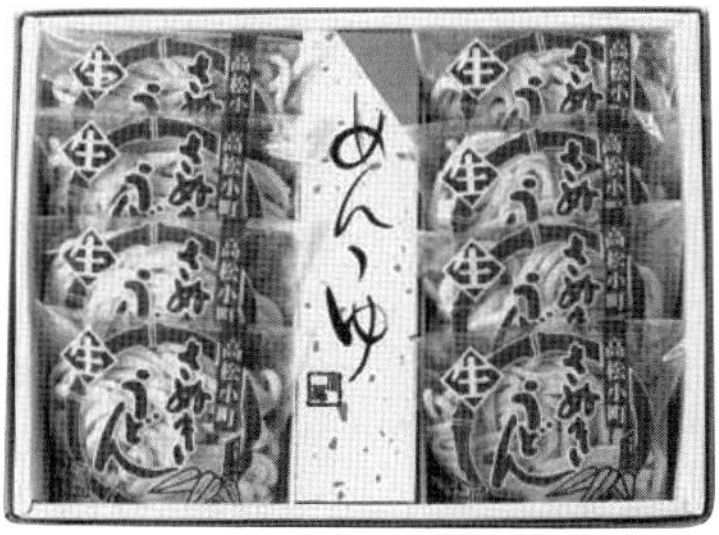

←讃岐生うどん「高松小町」8人前にめんつゆがついたセット。2100円。

◉大分県・湯布院／由布院 玉の湯

柚子《ゆず》こしょう、とりそぼろ

私が入った離れは八畳、六畳の二間で、玄関をふくめ、
まるで自分の小さな家にいるような気分にさせられてしまう。（中略）
それから夕飯を食べたわけだが、
膳にあらわれた鶏卵、野菜、
山菜などのほとんどが土地の手づくりなのだから、
その旨さは格別のものだった。
『よい匂いのする一夜』より

←「柚子こしょう」は青い柚子の皮と青唐辛子に、隠し味の柚子酢と日本酒を混ぜて１週間寝かせたもの。蓋《ふた》を開けた途端、柚子と青唐辛子の清涼な香りが溢《あふ》れ出る。鍋や麺類の薬味のほかに、サラダや味噌汁と合わせてもおすすめ。鶏肉との相性も抜群。１瓶80ｇで850円。

◉大分県・湯布院／由布院 玉の湯　柚子こしょう、とりそぼろ

随縁《えんにしたがう》。これが私の生き方の基本だ。「会う人みな我が師」と。随縁の最たるものは、やはり池波正太郎との出会いだった。不思議な縁で池波正太郎の書生を十年務め、そこで私の人生が決まった。

十年の間に何度となく一緒に旅をした。フランス周遊の大名旅行での鞄持ちも四回。あれは最初の旅のときだったか、のどかな田舎のオーベルジュに泊まり、すっかり感激した書生が（ああ、日本にもこういう宿があればなあ……）と、つぶやくと、

「ないことはないよ。今度、聞書きをしてもらうのに、そこへ一緒に行こうや」

「どこですか、先生」

「九州の別府から一山《ひとやま》越えたところだ。小さな盆地で温泉があって、土地の食材に徹した素朴な料理がなかなかいい」

それで連れて行ってもらったのが『玉の湯』だった。あれからもう二十余年。いまや九州きっての観光地になった由布院温泉だが、あの頃はまだ鄙《ひな》びた田舎でのんびりを絵に描いたような土地だった。

玉の湯も二代目館主・溝口薫平《くんぺい》が娘の桑野和泉《いずみ》に当主の座を譲り、風呂もさまざまな設備も随分と立派になって、いまや日本屈指の名旅館である。しかし、玉の湯ならではの土地柄を大切にしたもてなしは、昔もいまも変わらない。

玉の湯での何よりの楽しみは、私のような食いしん坊には「口福《こうふく》」である。出てくるものの一つ一つに、懐かしい昔の味と香りがある。胡瓜《きゅうり》には胡瓜の香り。トマトにはトマトの匂い。炭火で焼きながら食べる地鶏は、しっかり固いが

噛みしめるほどにひろがる鶏らしさがたまらない。海のものを一切出さない潔さが玉の湯らしい。

　玉の湯へ行きたしと思えども玉の湯はあまりに遠し。せめては…と玉の湯から「柚子《ゆず》こしょう」と「とりそぼろ」を送ってもらった。これで亡師の名作『梅雨の湯豆腐』

を卓上に再現しようという心算《しんざん》である。必殺仕掛人シリーズの出発点となった作品だが、主人公は藤枝梅安ではなく、彦次郎のほうだ。

　梅雨どきは蒸し暑い日があるかと思えば妙にゾクッとする梅雨寒《つゆざむ》もある。梅雨の湯豆腐には削り節や刻《きざ》み葱《ねぎ》もむろん必要だが、柚子こしょうが味の決め手になる。びっくりするほど豆腐本来の甘味が引き立つ。

　とりそぼろは温かいご飯にふりかけたり、繊切《せんぎ》り大根にまぶして酒の友にしたりもいいが、豆腐にもよく合う。

　湯豆腐の一片にたっぷりとふりかけ、ちょっと淡口《うすくち》をたらして食べる。醤油に加えて柚子こしょうも悪くない。暑い日はむろん湯豆腐ではなく冷《ひ》や奴《やっこ》でこれをやる。絶品なり。

⬅『とりそぼろ』は玉の湯の土産物の中でも人気の高い逸品。鶏ひき肉とともに砂糖と醤油、生姜《しょうが》が、細かく炒り上げられている。1瓶70gで850円。
取り寄せガイド

由布院 玉の湯

〒879-5197
大分県由布市湯布院町湯の坪
営 8:00〜19:30
休 無休
払 代金引換
☎0977・85・2056
FAX0977・85・4179
http://www.tamanoyu.co.jp

⬅『由布院 玉の湯』。300坪の雑木林の中に15棟の離れが点在している。

◉東京都・銀座／銀座千疋屋《せんびきや》

シャーベット

◉東京都・神田小川町／古瀬戸珈琲店

ブレンドコーヒー

×月×日
帰宅し、トウフとムキ身の小なべだてで
酒半合に御飯少々。
ユズのシャーベットにコーヒー。

×月×日
ぶらぶらと小川町まで歩き、かねて、うわさに聞いていた
［古瀬戸コーヒー店］へ入る。
なるほどうまい。
ブレンドの次にモカをのみ、
ついでに家でのむためにブレンドの粉を買って帰る。
『池波正太郎の銀座日記』より

⬆９種類計９個が入っている『銀座千疋屋』のデリシャスシャーベット詰合わせ（3150円）。冷凍庫で凍らせてから食べるタイプのシャーベット。『古瀬戸《こせと》珈琲店』のブレンドコーヒーは200ｇ1300円。神戸のハギハラコーヒーの豆を仕入れ、店で注文ごとに焙煎《ばいせん》している。

◉東京都・銀座／銀座千疋屋　シャーベット

終生、銀座をわが街として愛し続けた池波正太郎にとって、大通りの八丁目に君臨していた『千疋屋』は、そこになくてはならないお気に入りの店だった。

——久しぶりに千疋屋へ行き、車海老のフライ、フルーツ・サラダ、チキンライスでシェリーを一杯。

——昨夜は資生堂のカレーライスを友人たちと食べたので、きょうは千疋屋へ行き、ハヤシライス。

——きょうの午後は、ヘラルドの試写室で、七十九歳になったジョン・ヒューストン監督の『男と女の名誉』という、おもしろい映画を観る。（中略）終って、大急ぎで用事をすませ、久しぶりに千疋屋へ行く。マスタードの香りのするポテトサラダと新鮮なトマト。チキンカツレツ、野菜入りバターライス、桃のシャーベット。みんなうまかった。

どれも『銀座日記』からの抜粋だが、そこに書いてなくても食後の締めくくりはいつもシャーベットとコーヒーだったに違いない。

それが証拠に、何度かお供を命じられたフランス周遊の旅では、昼食でも晩飯でもデセールはソルベとカフェだった。

むろん、それにケーキ類も加わる。料理を一、二品減らしてでも、最後に甘いデセールなしでは納まらなかった。

池波正太郎というと、だれでも酒豪あるいは粋な酒通の姿を思い浮かべる。鬼平や梅安や小兵衛のイメージを作者に重ねるからだ。

それはそれで間違いないが、実は同時に「大のつくほどの甘党でもあった」ことはあまり知られていないようだ。なにしろ蕎麦を手繰ったら、その足で汁粉《しるこ》屋へ行って、ぜんざいと蜜豆である。

「酒を飲んだ後の甘味《かんみ》は、身体に毒だというけどね。酒飲みには、この甘味がたまらないんだよ」

と、汁粉屋で仏頂面の書生に、

⬅『銀座千疋屋』の創業は明治二十七年。大正二年には日本初のフルーツパーラーを開業した。

いいわけがましくいっていたものだ。書生はいつも心太《ところてん》だった。

シャーベットについては面白い話がある。どういうわけか池波正太郎、原稿ではつい「シャーペット」と書いてしまうのだ。普通は編集者が黙ってシャーベットに直しておくのだが、たまにシャーペットのまま活字になってしまうこともある。

これについては、ご当人の弁明は、こうだ。

「編集部の責任じゃなくて、おれがうっかりそう書いてしまうんだよ。このさわやかな冷菓は、おれの語感だと、どうしてもシャーペットでなくてはいけない。シャーベットと書くのは何だかべとべとした感じがしていやなんだ。おれだけの日本語の語感だから、間違いを指摘されると一言もないがね」

取り寄せガイド

銀座千疋屋

〒104-0061
東京都中央区銀座5-5-1
営 9:30〜20:00（平日）
11:00〜18:00（日曜・祝日）
休 無休
払 代金引換、銀行振込後発送
☎03・3572・0101 FAX03・3571・4176
http://www.ginza-sembikiya.jp

⬅マンゴやいちごなどのシャーベット詰合わせ。各65g9個入りで3150円。

◉東京都・神田小川町／古瀬戸珈琲店　ブレンドコーヒー

晩年、亡師は駿河台《するがだい》の「山の上ホテル」の一室を仕事場にして、ここでは小説を書くのではなく、もっぱら好きな絵を描いたり本を読んだりしていた。自分の本の装幀や挿画を手がけ、直木賞選考委員でもあった池波正太郎にしてみれば、絵を描くのも候補作品を読むのも仕事だった。

ある日、山の上ホテル名物の天ぷらを食べた後、池波正太郎がいった。

「珈琲《コーヒー》を飲もうや。このホテルの珈琲も悪くないが、ちょっと外の風に当たりたい。きみは珈琲に関しては相当うるさいようだが、この近くにいい店はないか」

「それでしたら先生、ホテルの前の坂を下ってちょっと行ったところに一軒。そこの珈琲だったら間違いないと思います」

その後、山の上ホテル籠《ご》もりのたびに亡師が『古瀬戸《こせと》珈琲店』へ立ち寄り、ブレンドの粉を買って帰るのがならわしになったと知って、書生はひそかに鼻を高くしたものだ。

どちらかといえば深煎《ふかい》りの濃い珈琲が池波正太郎の好みだった。浅煎りのアメリカンコーヒーを飲むのは一度も見た覚えがない。紅茶よりも明らかに珈琲党だった。

旅先で珈琲の味がいまひとつというときは、やおら銀製フラスコを取り出し、自分と書生の珈琲にウイスキーをたっぷり注いで、

「こうすりゃ、ま、なんとか飲める珈琲になるんだよ」

確かに、それはうまかった。

取り寄せガイド

古瀬戸珈琲店

〒101-0052　東京都千代田区神田小川町3-10 江本ビル2F

営 10:30〜23:00
（日曜・祝日11:00〜21:00）

休 年末年始

払 現金書留到着後発送

☎03・3294・7943

FAX03・3294・7943

旅の味

早春吉日、池波正太郎が何度も訪れた梅郷・青梅から埼玉・寄居へ――。
それは亡師の食の軌跡を辿る味巡礼だった。

春の嵐の中、辿り着いたのは昭和の面影残る懐かしの洋食屋

●[ステーキの店　さんちゃん]
住東京都福生市福生891　☎042・551・5322　営12:00～22:00　休不定休　交JR青梅線福生《ふっさ》駅より徒歩３分　駐あり　＊障子窓にシャンデリアと、和と洋のテーストが不思議に溶け合っている。

池波正太郎といえば、たいての人はまず『鬼平犯科帳』『仕掛人・藤枝梅安』『剣客商売』の三大シリーズを思い浮かべるだろう。この人気連作小説には一つの共通した特徴があって、それが作家の没後二十年を経たいまも人気が衰えない秘密だろう。

何が共通の特徴かといえば、さりげなく描かれる登場人物の「食べる情景」の魅力である。特別のご馳走《ちそう》が出てくることはなく、むしろわれわれにも身近な、至極ありふれたものばかりなのだが、いつもそれが実にうまそうで読者に生つばを湧かせる。だから一度読んでストーリーがわかっているのに、ついまた読み返してしまったりする。

「食いものの味と濡れ場がちゃんと書けなけりゃ小説家とはいえないね」

と、池波正太郎はよく書生に言っていた。確かにその点で亡師はプロ中のプロ小説家だった。小説に限らず、「食」を主題とするエッセイの数々においても、池波正太郎は名手だった。だからこの作家を世にいう「グルメ」や「食通」の一人と思っている池波ファンは少なくない。

しかし、十年間、通いの書生として裏方の目で池波正太郎を見てきた私にいわせれば、亡師はいわゆる食通やグルメとは違う。日々の一食一食を茶湯《ちゃのゆ》でいう一期一会の覚悟で、死ぬ気で食べていた。こういう人を本当の食道楽というのだと私は思っている。

美味学の元祖といわれるブリア・サヴァランの代表作『美味礼賛』の冒頭に、美味学永遠の基礎となる格言二十則が並んでいるが、その四番目にこうある。

「君はどんなものを食べているか言ってみたまえ。君がどんな人であるかを言いあててみせよう」

食べ方は生き方そのものである。となれば

さんちゃん◉福生

ビーフステーキ
⬅厳選された和牛ヒレのステーキ。付け合わせのフライドポテトは絶品。外側はカリッとしていて香ばしく、中はホクホク。一口食べると後を引く美味しさ。5200円。

池波正太郎を理解するには池波正太郎の「食の軌跡」をたどってみるにしかず。そう考えて私はここ数年、亡師が愛してやまなかった店を一つ一つ訪ね歩き、亡師の食卓に供された食べものを四季折々に各地から取り寄せて味わってきた。

今年の三月初め頃、若い友人たちを伴って出かけた一泊二日の小旅行も、池波正太郎の食の軌跡をたどって何かを確認したいと思ってのささやかな味巡礼だった。

皮切りの一店を福生《ふっさ》の『さんちゃん』にしたのは、ここだけはまだ行ったことがなかったからである。亡師のエッセイ『食卓のつぶやき』の中に、こんな一節がある。

——福生には、ちょいと、おもしろい店がある。［さんちゃん］という洋食屋。近くの米軍・横田基地が盛んだったころ、大入り満員だったときの面影が、この店の設計や装飾に残っていて、そのくせメニューは徹底的な日本洋食だ。主人夫婦は東京の下町生まれで、その気分のよさは、料理の味にまで関係して

⬅昭和33年の創業当時からずっと店を守り続けている、小沼弘子さん。池波正太郎の思い出を懐かしそうに話してくれた。

くる。——

初めて行ったさんちゃんだったが、全然初めてという気がせず、むしろ懐かしさを感じた。昭和レトロの気分。うまくて量たっぷりの料理の数々。まさしく池波正太郎好みの洋食屋だったからである。

名代《なだい》のビフテキと名物オニオン・リング、豪快な大海老フライ、さらには何種類かある焼き飯の中からカニチャーハン、それにサラダも頼んで、みんなで分け合った。色々頼んで全員で分け合う池波流をまねてのことだ。

とりあえず、これでお酒を……と突き出しに出てきたのが何と胡瓜《きゅうり》の糠漬《ぬかづけ》と沢庵《たくわん》。洋食屋はこうでなくちゃいけない、と亡師が大喜びする様子が目に見えるようだ。昭和九年生まれという女主人・小沼《こぬま》弘子がいった。

「うちの創業は昭和三十三年。ずっと最初から家族経営で、四つ年上の亭主は亡くなったけど、厨房は開店当初からいる妹がいまも頑張って守っていて、フロア担当も定年になってからうちへ来てくれた弟。何もかも五十年前のままで、それがいいんだよとお客さまにいわれて、そのことばだけが頼りで、細々ながら続けているんですよ……」

➡手前から時計回りに、「エビフライ」、「オニオンリング」、「ビーフステーキ」、「カニチャーハン」。いずれもボリューム満点で食べごたえがある。

この老マダム、頭の働きはいまだに若々しい。いまや骨董品の大きなジャー（ご飯保温用）を捨てずに活用しているのだ。ステーキ皿をこれで温めておくのである。

いまどき珍重すべき店である。何とかこれからも末永く頑張ってもらいたいものだ。

濡れそぼる梅の里で心ゆくまで珈琲を楽しむ

紅梅苑◉青梅

コーヒー

⬆池波正太郎が「誠意の珈琲」と評したブレンドコーヒーは390円。紅梅苑の名物菓子とともに味わえる。梅の露（青梅のジュース）や梅の甘露煮が添えられた青梅葛切《くずき》りもおすすめ。

福生の『さんちゃん』で、うまさと気分のよさでついつい食べ過ぎ、酒もしこたま飲んだ私は、車に乗るとたちまち白河夜舟。いいわけをすれば、明け方近くまで原稿書きに追われて、寝不足だったせいもある。

「さあ、ご老体。着きましたよ。お目当ての珈琲《コーヒー》タイムですよ」

と、ゆり起こされて外に目をやると、そこはもう『紅梅苑』の前だった。奥多摩方面へ出かけたら、池波正太郎が必ず立ち寄らねばおさまらなかった甘味《かんみ》と珈琲の店である。改めていうまでもなく、ここは故吉川英治の夫人が、近くに建てられた記念館を訪れる人々のために開いた憩いの場だ。民芸風の落ち着

⬆紅梅苑の店先には吉川英治夫人が愛した紅梅が、雨の中で鮮やかに映えていた。

●［紅梅苑］ 住東京都青梅市梅郷3-905-1 ☎0428・76・1881 営9：30〜17：00 休月曜（火曜不定休） 交JR青梅線日向和田《ひなたわだ》駅より徒歩5分。吉川英治記念館からは徒歩17分ほど 駐あり ＊店内は木を基調とした落ち着いた雰囲気。

いた造りで、菓子を商うコーナーとゆったりとした喫茶室がある。

関東きっての梅の名所・吉野梅郷という土地柄から、特産の梅の実を生かした菓子いろいろと梅酒があり、何しろ、金儲《かねもう》けとは無縁の店だからたちまち多摩の一名物として人気を集め、いまや毎日のように満員御礼、売り切れ御免だそうな。梅の時季ともなれば、連日一万人もの観光客でにぎわうというから、大変なものだ。

だが、私が久々に紅梅苑を訪ねた日は、前日の天気予報通り、朝から土砂降り。おかげさまで梅郷もほぼ独占することができ、濡れそぼる紅梅白梅の風情を堪能し、心ゆくまでじっくりと珈琲を楽しんだ。

――［紅梅苑］のコーヒーは、格別に凝ったいれかたをしているのではない。それでいてうまいのは、一人の客なら一人、二人なら二人、注文があるたびに、いちいち新しくいれるからだ。その誠意がコーヒーをうまくするのである。――

➡池波正太郎が好んで食べていた「梅絹」290円。紅梅苑の喫茶室ではお茶とともに味わえる。梅の酸味と甘みが絶妙の味わい。

と、池波正太郎は書いている。

確かに紅梅苑の珈琲は誠意の香りと味だ。しかし、それとなく聞き出したところでは、特別注文の豆を七種もブレンドして造り出す紅梅苑オリジナルの自慢の味と香りである。やはり、これは、「格別に凝ったいれかたをしている珈琲だ」と私は思った。名物菓子の一つ「梅絹《うめぎぬ》」を食べながら飲むブラックコーヒーは、なかなかのものだった。

荒川の清流を眼下に一望する風雅な隠れ宿で鮎三昧の一夜

京亭◉寄居

鮎づくし
⬅『京亭』の鮎づくしで、最後の締めくくりとして出てくる「鮎飯」は、一度食べたら忘れられない味。客の頃合いを見計らって炊いて出してくれる。

この夜の宿は寄居《よりい》の『京亭《きょうてい》』だった。ここにはわすれられない思い出がいろいろある。通いの書生を務めるようになって間もない頃、ある日、荏原《えばら》の池波邸へ行くと、いきなり宿題を課された。何かといえば、

「今度、新しい小説を新聞に連載することになった。武州鉢形《ぶしゅうはちがた》城を舞台として、忍びの者を主役にした話を書く。ついては一度、鉢形城跡を検分しておかねばならぬ。そこできみに頼みというのは、一泊二日の取材の段取りをしてくれということだ。頼んだぞ」

わかりました、さっそく宿その他の手配をいたします、とは答えたものの、これは難しい宿題だった。埼玉県寄居町は名高い長瀞《ながとろ》の

⬆鉄鍋の蓋《ふた》を開けると、鉄鍋で炊いた、香ばしくふくよかな香りが部屋中に広がる。

●［京亭］　住埼玉県大里郡寄居町寄居547　☎048・581・0128　IN15時、OUT10時　休火曜　交東武東上線・JR八高線・秩父《ちちぶ》鉄道寄居駅から徒歩10分。関越自動車道・花園I.C.より10分　1泊2食ひとり1万5000円（税・サ別）。

ような観光地ではなく、資料も皆無。考えあぐねた末に寄居町役場へ手紙を書き送ったのが大当たりで、「池波先生にお泊まりいただくなら、ここしかないでしょう」と、極め付きの宿を紹介してくれた。

それが、京亭だった。今でこそ〝池波正太郎が愛した鮎《あゆ》の宿〟として有名だが、当時はまったく無名の小さな宿。書生は心配でたまらず、半日がかりで寄居の玉淀《たまよど》まで確かめに行った。

月は朧《おぼろ》に東山……で始まるあの名曲『祇園小唄』の作曲者・佐々紅華《さっさこうが》が、晩年、「妻のふるさとである玉淀を終《つい》の棲家《すみか》に」と、財を惜しまず、思うがままに趣味を生かして建てたのが京亭である。玉淀の美称で呼ばれる荒川の清流を眼下に一望し、はるか対岸の切り立った断崖の上には鉢形城跡の緑が連なる。絶景をほしいままにする風雅な隠れ宿のたたずまいに、私は安心して帰ってきた。

そういう京亭だから、宿とはいっても三組しか泊めることができず、名物鮎飯を食べに来る日帰り客が大部分である。ここの鮎尽くしの献立は、前菜に鮎うるか（わたの塩辛）と鮎甘露煮、ちょっとした箸休《はしやす》めを挟んで、主菜の鮎塩焼き、そして鮎飯。昔はせいぜいこれだけだった。

時代の流れで、素朴な家庭料理風だった京亭のもてなしも贅沢《ぜいたく》な料理屋のそれに変わってきた。この夜の献立は左記のごとし。

＊前菜　盛り合わせ（蟹爪《かにつめ》、空豆、姫大根、ふきのとうの時雨煮《しぐれに》）
　　　　鮎うるか　鮎甘露煮
＊刺身　甘えび　白身　鮪《まぐろ》
＊煮物　たけのこ
＊揚物　たらのめ天ぷら
＊強肴《しいざかな》　白身魚すり身の石焼き
＊焼物　鮎塩焼き
＊御飯　鮎飯　なめこ汁　漬物

塩焼きは特製の風炉《ふろ》を持ち出し、見ている前で焼き上げる。やがて香魚《こうぎょ》ならではの香りが部屋に満ちあふれると、酒は中断である。その名も「京亭」という地酒の辛口大吟醸は

◀「鮎の塩焼き」は盛りつけも風雅。

◀地元の藤崎総兵衛商店の辛口大吟醸。

◀池波正太郎が仕事で泊まっていた六畳の間。1階の奥で庭に面している。

ついついあとを引く佳酒だが、熱々の焼き立てを手づかみでかぶりつく間は、残念ながら飲むひまがない。

最後の鮎飯は女将・佐々鞠江《ゆきえ》がみずから座敷へ鉄鍋を運び出し、鮮やかな箸さばきで、丸ごと炊き込んだ鮎の頭と中骨を取り去り、身だけをほぐして山ほど刻んだ青じそと浅葱《あさつき》を加え、全体をさっくりと混ぜ合わせる。亡師はこの鮎飯を絶賛し、何と三杯もお代わりをして、書生を唖然とさせたものだ。

佐々鞠江は紅華夫人の実の姪で幼時から佐々家の養女にと望まれていたが、高校三年のとき紅華病没を機に養女となり、細々と始めたばかりの素人宿を継ぐ決心をしたと聞く。

京亭の板場を取り仕切るのは女将の弟・鳥塚稔雄《としお》で、姉を助けて円熟の腕をふるい、ここを立派な料理宿に育て上げた。しかし、無口な職人で、たまに顔を見たいと思っても決して板場から出て来ない。この料理人が京亭の名にかけて炊き上げる鮎飯は、いまや〝味の芸術〟と呼ぶに値するだろう。

車を飛ばして一路、京橋へ……亡師が通った江戸前鮨屋で昼食

与志乃◉京橋

江戸前鮨

⬅数寄屋橋の「J」や浅草の「M」が修業を積んだことでも知られている凛《りん》とした握り。山葵《わさび》を効かせたかんぴょう巻きも一度味わう価値あり。

翌朝はすっかり雨も上がって、気持ちのいい一日が始まった。何の気取りもなく、どの一品にも心がこもっている京亭の朝飯が、いつもながらまことにうまかったせいもある。朝の挨拶に来た女将に、鮎飯が残っているはずだと催促し、また鮎飯も食べた。冷めても一段とうまいのが鮎飯の鮎飯たる所為《せい》だ。

好天気に誘われて、一同打ち揃って鉢形城跡を散策し、私は鉢形城がどんな名城であったかを得々として若い連中に聞かせた。むろ

⬆若い頃から池波正太郎に寿司を握ったご主人。池波正太郎の昔話を肴《さかな》に酒も進み、話もはずんだ。ご主人の傍らにいる奥様のきめ細かな接客にも心が和む。

●［与志乃］ 住東京都中央区京橋3-6-5 ☎03・3561・3676 営11:00〜21:00 休土曜、日曜、祝日 交地下鉄京橋駅から徒歩1分。 ＊二階建ての木造一軒家で、暖簾《のれん》をくぐると右手に階段があり、2階に10席ほどのＬ字カウンターがある。

んすべて亡師からの請売りである（阿々）。

　昼は関越自動車道を目一杯に飛ばし、何とか約束の時間に京橋の『与志乃《よしの》』へ滑り込んだ。晩年、池波正太郎が最も愛して足繁く通った鮨屋である。

――私が［与志乃］へ行くのは、私にとってなつかしい東京の香りと味に心をひかれるからで、たとえば［与志乃］には薄焼きの卵がある。（中略）注文をすると、初代のあるじが、丹念に味をつけ、見るもあざやかに焼きあがった卵焼きをかぶせてにぎるとき、オボロを中にはさみながら、こちらを見てニッコリとする。――

　と、『食卓のつぶやき』にある。先代・吉野末吉は並ぶ者なき名人と称えられ、八十一まで店へ出て鮨を握っていたというが、私は先代を知らない。いまは二代目の吉野浩司と女房安枝が、亡父の技を継いで与志乃の味を守っている。

　二代目は初代末吉が唯一の師匠だ。それというのも、いまをときめく数寄屋橋「J」も浅草の「M」も末吉が仕込んだ弟子。そういう与志乃の息子さんを預かるなんて恐れ多くて……と、どこの鮨屋も逃げたからである。

　亡父直伝の正統の江戸前鮨の仕事の一つは、古典的な「手返し」の技だ。握る途中で一瞬手を返すというのだが、あまりにも早業で、どこでどう手を返すのか、いくら手許《てもと》を見つめていてもわからない。

⬅来店した客の手みやげにしか作らない、これが噂の「バラずし」。海老のおぼろと薄焼き卵の下には、贅沢な具材がぎっしり詰まっている。

味礼の最後の締めくくりは 亡師の定宿のカフェで一服

●[コーヒーパーラー　ヒルトップ] 住東京都千代田区神田駿河台1-1 ☎03・3293・2311 営10:30〜21:00 休無休 交JR中央線・地下鉄御茶ノ水駅下車徒歩4分、明治大学横上がる

だが、吉野浩司が握る鮨の凛《りん》とした美しさはわかる。余所《よそ》のどこの鮨とも違い、その姿に何ともいえない粋な風情がある。

池波正太郎が初めて与志乃へ来たのはいつだったか覚えていない、と二代目はいった。ただし、晩年になってからの来店はいつも夕方開店と同時の五時で、つねに一人だったという。当主のいうところによれば、

「だれも連れて来たことがありませんね。先生がお一人で一杯やっていると、豊子夫人が現れ、山の上ホテルに籠《こ》もっている先生に郵便物やメッセージを渡して、それからお二人でお鮨を召し上がっていらっしゃいました」

与志乃には「バラずし」という特筆すべき名物がある。折箱の底に酢飯を敷きつめ、その上に刻んだ干瓢《かんぴょう》と酢生姜《すしょうが》。その上に刻《きざ》み海《の》苔《り》。その上に椎茸《しいたけ》の含め煮。その上に酢〆の小鰭《こはだ》。その上に漬け込み穴子。その上に酢蓮根。最後に海老のおぼろを全面にかぶせ、角切の薄焼き玉子をたっぷりとちりばめる。

これだけ凝った仕事をしながら、折箱の蓋《ふた》を取ったとき目に映るのは、海老のおぼろと薄焼き玉子のみという素《そ》っ気《け》なさ。これぞまさしく江戸の美学というものだろう。

与志乃のバラずしは、来店した客の手みやげにしか作らない。だからバラずしの口福《こうふく》を知りたければ、まず与志乃へ行って鮨を食べなければならない。この日も山妻へのみやげに折箱を一つ頼み、まっすぐそこから帰宅するつもりだったが、店を出た瞬間に気が変わって、珈琲を飲もうと思った。

池波正太郎の食の軌跡をたどる小さな旅のしめくくりとなれば、珈琲は駿《する》河《が》台《だい》の山の上ホテルの喫茶室『ヒルトップ』以外にあり得ない。

山の上ホテルは「文士の宿」として知られ

山の上ホテル

◎御茶ノ水

コーヒー

⬅通路側のこの席にいつも池波正太郎が座っていたという。オリジナルのブレンドコーヒー680円。水出しのアイスコーヒー680円も人気が高い。

➡池波正太郎が描いた絵も展示されている。右は「サンマロの老船員」、上は「シノン城跡の茶店の老婆と子犬」(いずれも1984年の作)。

る小ぢんまりとして家族的な雰囲気のホテルである。和食堂の天ぷらが名高い。亡師はここを定宿とし、その一室に好きな絵を描くための道具一式を持ち込み、気のおけない別荘のように毎月一週間か十日はここに滞在していた。

　和食堂の脇の階段を降りたところにコーヒーショップはある。駿河台の天辺《てっぺん》に斜面を巧みに利用して建てられたホテルだから、一階から降りて行っても地下ではなく、明るくて落ち着ける。

　ここは〝池波正太郎ギャラリー〟といってもよい。壁面にはたくさんの池波正太郎の絵が飾られている。多くはフランス周遊の思い出をモチーフとしたものだ。小説のプロは画家としてもほとんどプロだった。天は二物を与えずというが、これは嘘だな……と珈琲を飲みながら私は思った。

あとがき

　まだ四十少し前の頃から、ちょうど十年間縁あって池波正太郎の書生を務め、「師一人弟子一人」の池波塾で、いまにして思えば夢のような勉強をさせてもらった。あの十年がなければ、いまの私はない。

　書生手当はない代わりに、受講料は無料。日本国内はもとより、何度も行ったフランス大名旅行でもバリ島一週間の旅でも、すべて亡師丸抱えの贅沢三昧で、書生は鞄持ちとして勘定方と旅日記を書くだけが務めだった。

　その間に小説作法のいろはのいの字だけでも学んでおけば、また別の人生になったかもしれないが、私にはその気が全くなかった。十年間に教わったことは、ただ一つ、「酒飯の作法」のみである。しかし、そのことを後悔したことは一度もない。

「今日が人生最後の一日ではないという保証はどこにもない。だから今日が大事なんだ。毎日そう思って飯を食え、酒を飲め」

　これが池波流の食の美学である。その根底には茶湯でいう一期一会の覚悟があった。毎年、長者番付に名が出る超ベストセラー作家だったが、金に飽かせての贅沢は決してしない人だった。その代わり、夜食に自分で作るラーメン一杯でも、自分なりに工夫をして納得できるラーメンを食え、と教わった。

池波正太郎は三百六十五日の一食一飲を、死ぬ気で食べていた。こういう人を本当の食道楽というのだな……と、私は骨身にしみて思い知らされ、たとえ亡師の足許《あしもと》にも及ばないとわかっていても、精一杯にその軌跡を追いかけている。

いい加減なところで手を打って、適当に腹をふくらまして、それが人生最後の一食だったとしたら、死んでも死に切れない。最後の晩餐がたとえ一杯のラーメンであっても、その材料を吟味して、麺は旭川から、焼豚は伊賀の健康豚を自分で焼いたもの、煮卵のトッピングも手製……というラーメンなら、それを最後に死んでも成仏できる。むろん、麺つゆも既製品は使わず、鶏肉と昆布鰹節で出汁を取り、自分流に味付けをする。

そういう池波正太郎直伝の「食の作法」を実践している（と、自負している）弟子としては、本当にうまいものを食うにはどうしたらいいか、それに必要な食材取り寄せのノウハウを、世の人々に知ってもらいたいと思った。これはそのための一助に他ならない。

「人の一生は食べて育った食いものと切っても切れない、抜き差しならぬ間柄なんだ」池波正太郎は小説のどこかにそう書いている。ということになると、日々どのように食べるかは如何《いか》に生きるかと同じ命題である。

適当でいい加減な食生活とは即ちいい加減で適当な人生ということになる。それもまたその人なりの一生だが、一回こっきりの人生だからとことん納得して死にたいという人は、この一書を手引きに食を考え直して然るべし。

佐藤隆介

取り寄せガイドつき

池波正太郎の愛した味

著者／佐藤隆介

発行／2009年12月6日　初版第1刷
発行者／海老原高明
発行所／株式会社小学館

〒101-8001
東京都千代田区一ツ橋2-3-1

編集／03・3230・5936
販売／03・5281・3555
DTP／株式会社昭和ブライト
印刷所／凸版印刷株式会社
製本所／株式会社若林製本工場

※本書は、サライ増刊『美味取り寄せ帳』、『美味サライ』の連載に加筆、修正してまとめたものです。

編集／山津京子
尾崎　靖（小学館）
撮影／泉　健太
山下忠之
長谷川桂
スタイリング／伊藤由美子
ブックデザイン／片岡良子
協力／池波正太郎記念文庫
編集協力／川崎悠幸

ISBN978-4-09-387884-5